Der Brunnenbau

Von

Franz Bösenkopf
Brunnenmeister in Wien

Mit zahlreichen Beispielen ausgeführter Brunnenbauten und deren Berechnung, sowie mit 141 Abbildungen, 6 Tafeln und 5 Tabellen

Springer-Verlag Wien GmbH 1928

ISBN 978-3-7091-2343-0 ISBN 978-3-7091-2361-4 (eBook)
DOI 10.1007/978-3-7091-2361-4

Ursprünglich erschienen bei Julius Springer in Vienna 1928

Vorwort

Auf das Drängen von vielen Seiten, nicht zuletzt von meinen Fachkollegen, habe ich mich entschlossen, einen Teil der Erfahrungen meiner mehr als 40jährigen Tätigkeit im Brunnenbau im In- und Ausland in diesem Buche niederzulegen. Es liegt eine besondere Absicht meinerseits darin, daß ich einzelnes (z. B. die gemauerten Brunnen) ausführlicher besprochen, anderes (z. B. die Bohrungen und den Pumpenbau) nur gestreift, schließlich das Eingehen auf umstrittene Fragen (wie z. B. Wünschelrute) überhaupt vermieden habe. Meine Ausführungen habe ich durch Beigabe von Bildermaterial verdeutlicht. Daß ich dabei nur einen bescheidenen Teil aus meinem überreichen Vorrat brachte, ist dadurch bedingt, daß ich den Umfang dieses Buches nicht zu groß haben wollte, so wertvoll an und für sich noch mehr Anschauungsmaterial wäre. Ich habe aber die Auswahl so getroffen, daß für jede Art des Baues, der Bohrung usw. mindestens ein typisches Beispiel gezeigt wird, so daß sich der Brunnenbauer in allen an ihn in der Praxis herantretenden Fragen Rat holen kann.

Entscheidend für die Gestaltung des Textes und die Umfangsbemessung war für mich das Erfordernis des tätigen Brunnenbauers. Berechtigten Wünschen einer Erweiterung will ich in späteren Auflagen Rechnung tragen. Ich glaube aber nicht fehlzugehen, wenn ich annehme, daß das Buch auch für verwandte technische Berufe Lehrreiches bringt.

Was in dem Buche gezeigt und durch Beispiele belegt wird, ist ausschließlich aus meiner eigenen Tätigkeit geschöpft. Nur Herrn Ing. Arnold Ilkow, Zivilingenieur in Eisenstadt, habe ich für seine Mitarbeit bei der Herausgabe dieses Werkes meinen herzlichsten Dank abzustatten, was ich an dieser Stelle gerne und in Freundschaft tue.

Hiermit übergebe ich das Buch der Öffentlichkeit. Möge es dazu beitragen, Unglücksfälle im Brunnenbau zu vermeiden.

Wien, Januar 1928

Glück auf!

Franz Bösenkopf
Brunnenmeister

Inhaltsverzeichnis

Einführung

Der heute übliche Arbeitsvorgang bei Herstellung gemauerter Brunnen unterscheidet sich wesentlich von dem seinerzeit gebräuchlichen. Unsere Vorväter pflegten zuerst unter Zuhilfenahme einer Pölzung den Brunnenschacht im Quadrate bis zur vollen Tiefe auszuheben und erst dann von der endgültigen Sohle des Brunnens auf einer Rostunterlage das Brunnenmauerwerk in Kreisform bis zum Terrain aufzuführen. Diese Methode erforderte kostspielige Pölzung (Material und Arbeit), unnötigen Erdaushub, da die Baugrube, um Platz für die Pölzung zu haben, im Querschnitte größer angelegt werden mußte und überdies der Mehraushub in den Zwickeln zwischen den vier Ecken und dem runden Brunnenmantel zu bewältigen war. Dabei war die Sicherheit gegenüber der heute üblichen Methode durchaus keine größere. Im Gegenteile war beim Nachgehen oder Einstürzen der Pölzung meist der in der Grube befindliche Arbeiter verloren.

Der Brunnenmeister von heute hat die weiter unten beschriebene Methode aus folgendem Gedanken heraus ausgebildet: Eine viereckig ausgegrabene, nicht gepölzte, sich selbst überlassene Grube wird im Laufe der Zeit an den Seitenwänden einstürzen und erst dann zur Ruhe kommen, bis die Seitenwände den Neigungswinkel zur Horizontalen erreicht haben, der dem natürlichen Böschungswinkel der betreffenden Bodengattung entspricht. Dabei wird sich die Form der Grube von der Viereckform entfernen und der Kreisform nähern. Diese Kreisform ist zweifellos auch bei gleichmäßiger Beanspruchung durch den umgebenden Boden für das Mauerwerk die idealste und hat dabei gleichzeitig den Vorteil des geringsten Materialverbrauches. Der Brunnenmeister teuft daher die Grube im Kreisquerschnitte ab. Gleichzeitig macht er folgende Überlegung: Wenn ich mich nur so tief eingrabe, daß mich einstürzendes Material, das sich nach dem natürlichen Böschungswinkel lagert, nicht vollständig verschüttet, arbeite ich mit verhältnismäßiger Sicherheit und erspare mir die Pölzung.

Der jetzt allgemein gebräuchliche Arbeitsvorgang ist daher in groben Zügen folgender:

Man macht je nach Bodengattung eine etwa manns- (1,60 m) tiefe kreisrunde Grube, mauert diese aus und gräbt dann mit dem inneren Durchmesser des Brunnens wieder nur mannstief weiter. Dann erweitert man den Erdaushub bis auf den äußeren Durchmesser in vier Phasen. Zuerst wird ein Viertel des Kreisumfanges ausgehoben und ausgemauert, dann das zweite ausgehoben und ausgemauert, das dritte und vierte. Hierauf geht man weiter in die Tiefe, wie es in einem späteren Abschnitt ausführlich besprochen ist. Wesentlich dabei ist, daß das Maß des Tiefergehens von der Bodengattung abhängt. Es kann daher auch vorkommen, daß das Tiefergehen nur schrittweise unter Zuhilfenahme von Gurtensetzen (siehe später) erfolgt.

Während also früher erst bis zum Grundwasser gegraben und dann ausgemauert wurde, wird heute eine kleine Tiefe ausgegraben und sofort ausgemauert, dann weiter gegraben und wieder ausgemauert, so lange, bis der Grundwasserspiegel erreicht ist.

Auf Details sowie auf den grundsätzlich anderen Arbeitsvorgang bei Versenkbrunnen komme ich an anderer Stelle zu sprechen.

Zweck und Anlage der Brunnen

Die Brunnen haben den Zweck, eine gewünschte Wassermenge in entsprechender Güte zu gewinnen. Wo es nicht möglich ist, aus vorhandenen Brunnen ein zuverlässiges Bild über die Grundwasserverhältnisse zu gewinnen oder wo die geologischen Verhältnisse unbekannt sind, muß man sich durch Anlage von Probebrunnen, Bohrungen, auch Schlagbrunnen, Probeschöpfungen über die Grundwiderstände im Boden sowie über die zu erwartende Wassermenge orientieren. Dabei ist allen Möglichkeiten von Verunreinigungen des Wassers nachzugehen. Insbesondere sind Kanäle, offene Gerinne, Düngergruben, Senk- und Sickergruben, Wasserläufe, Seen usw. zu beachten.

Die Brunnenbaukunst ist heute so weit vorgeschritten, daß man mit fast absoluter Sicherheit bei sachgemäßer Ausführung alle hygienisch nicht einwandfreien Wässer ausschalten kann.

Im Wiener Becken z. B. werden Verunreinigungen oder obere Grundwässer, die man nicht wünscht, am vorteilhaftesten durch Sperrbüchsen, Teleskopbüchsen oder Verrohrungen vermieden, da der dort vorkommende Tegel (Mergel) vollkommen undurchlässig ist. Es ist in diesem Gebiete möglich, tiefere Schichten des einstigen Prakenmeeres anzufahren und denselben gutes Wasser zu entnehmen. Da dieses Wasser meist artesischen Auftrieb zeigt, kann man es durch Abfassung ziemlich nahe unter Terrain, stellenweise sogar über Terrain bekommen.

Der besprochenen Abhaltung ungeeigneter und unhygienischer Zuflüsse hat der Brunnenmeister die größte Sorgfalt zuzuwenden; daß er außerdem in technisch einwandfreier Weise das Brunnenmauerwerk herzustellen hat, ist selbstverständlich. Ein sinnloses Hinabgehen in die Tiefe, eine schleuderhafte Ausführung der Mauerung schafft nicht Brunnen, sondern Menschenfallen, ungeeignete Absperrung schlechter Wässer erzeugt Seuchenherde.

Wenn also für irgend ein Handwerk der Grundsatz gilt: ,,Das Solide und Teuerste ist immer noch das Billigste", so gilt dies besonders für den Brunnenbauer. Ich richte daher an alle Fachkollegen die Mahnung, nicht an der unrichtigen Stelle zu sparen oder zu schleudern, sondern immer daran zu denken, daß nicht nur das Leben der seiner Leitung anvertrauten Arbeiter, sondern auch unter Umständen das einer größeren Allgemeinheit von seiner Gewissenhaftigkeit abhängt.

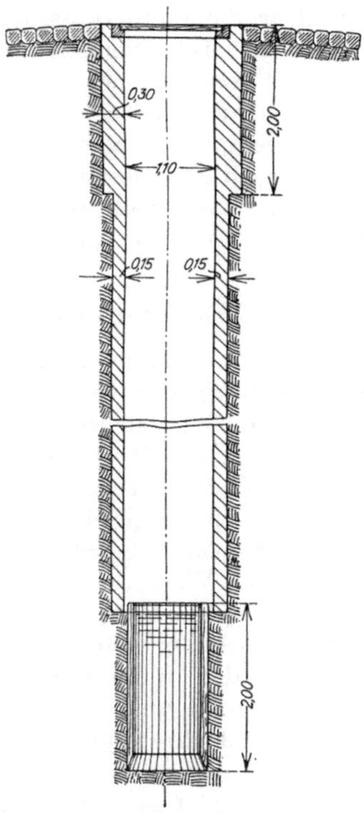

Abb. 1

I. Beschreibung der hauptsächlich vorkommenden Brunnen

Brunnen ist ein in die Erde gegrabenes, nach Örtlichkeit und Wasserergiebigkeit verschieden großes, meist rund ausgemauertes, selten viereckig ausgepölztes, bis zum Grundwasserspiegel reichendes Loch, das die Möglichkeit schafft, Wasser zu gewinnen und aufzuspeichern, bzw. anzusammeln.

1. Der gewöhnliche gegrabene Brunnen

auch Kesselbrunnen genannt (s. Abb. 1), ist mit Schutzwänden aus Ziegeln oder Stein, seltener aus Holz (alte Brunnen) ausgekleidet, normal 1,10 m im Lichten weit, 15 cm stark, trocken oder besser mit Zementmörtel ausgemauert. Im nassen Teil erhält er die meist hölzerne Brunnenbüchse, die unbedingt 2 m unter den tiefsten vorgefundenen Grundwasserspiegel reichen muß. Zum Schutze vor dem Eindringen schlechter, verunreinigter Tagwässer wird 2 m vom Terrain abwärts 30 cm stark in Zementmörtel gemauert. Seine Umgebung ist auf 2 m im Umkreise zu pflastern, die Tropfwässer sind in wasserdichten Kanälen abzuleiten. Der Bau erfolgt je nach Bodenbeschaffenheit in Schichten von etwa 1,60 bis 2 m.

2. Der Versenk- oder Maschinenbrunnen

besitzt einen Mantel aus Ziegelmauerwerk, Bruchsteinen oder Beton, hat an der Basis einen Kranz aus Holz, Eisen oder armiertem Beton und wird durch Untergraben zum Absenken gebracht (s. Abb. 73, S. 86).

Der Vorteil gegenüber dem gewöhnlichen Brunnen besteht darin, daß er bei gleichem Durchmesser im trockenen Teil an der Basis eine größere Saugfläche besitzt. Er findet seine Anwendung bei großem Wasserbedarf. Seine Umgebung ist, wie oben beschrieben, um so mehr zu schützen, als bei der Absenkung des Brunnens Außenmaterial mitgeht, dadurch die Wasserdurchlässigkeit der unmittelbaren Umgebung des Brunnenmantels gesteigert wird und die Gefahr besteht, daß längs des Brunnenmantels schlechte Tagwässer eindringen.

3. Der Schlag- oder Nortonbrunnen

Der Schlag- oder Nortonbrunnen (s. Abb. 2), auch Abessynierbrunnen genannt, weil er von seinem Erfinder, Ingenieur Norton, das erstemal in Abessynien verwendet wurde, besteht aus einem in die Erde getriebenen, am untersten Teile mit einer durchlochten Spitze versehenen schmiedeeisernen Schlagrohre. Das Einschlagen des Rohres erfolgt mit Dreifuß, Zwinge sowie Hoyer (s. Abb. 3). Am obersten Teile des Rohres wird eine gußeiserne Pumpe aufgesetzt (s. Abb. 4), welche aus einem Doggenrohr A, Deckelkopf D, Wagbaum C sowie Kolben B besteht. Der Kolben hat eine Ledermanschette mit Messingkegelventil und am Ende bei dem aufgeschraubten Teller ein Lederklappventil. Der Wirkungsradius des Schlagbrunnens geht praktisch bis zu 7 m Tiefe. Theoretisch beträgt die Saughöhe 9 bis 10 m. Sollte sich das Wasser tiefer befinden, so muß man einen Schacht mit 1 bis 3 m Tiefe bauen und einen Tiefzylinder (Arbeitszylinder) vorsehen. Die Pumpe kann auch in einen abgedeckten Schacht kommen und einen Frostschutzhahn erhalten, wodurch sie auch im Winter benützbar wird. Schlagbrunnen können nur in der Nähe von

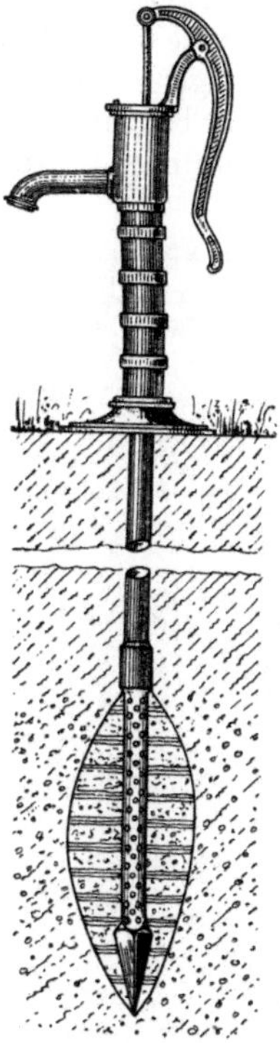

Abb. 2

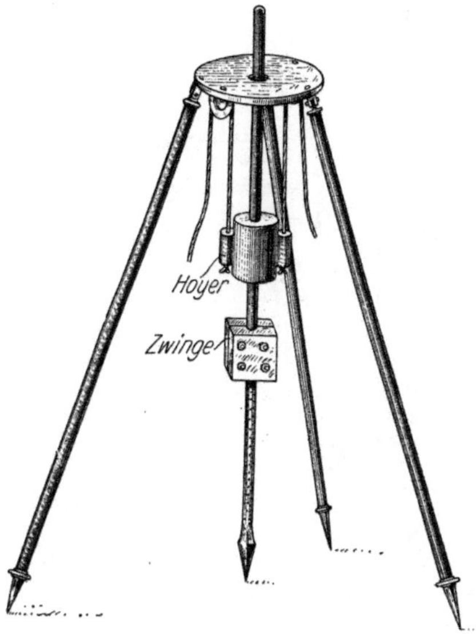

Abb. 3

Sümpfen, Bächen, Flüssen oder in Gegenden, wo das Wasser keine größere Tiefe als bis 10 m aufweist (in Schotterboden), angebracht werden. Sie werden für Kriegszwecke oder bei Bauaufführungen, Schrebergärten oder auch für rasche Wasserversorgung auf Feldern verwendet. Da der scharfe, leichte Sand, der in den Grundschichten vorkommt, ein rasches Abnützen der mechanischen Teile bewirkt, ist der Nortonbrunnen zur ständigen Wasserversorgung oder für Feuerlöschzwecke nicht zu empfehlen.

4. Die Zisterne

ist ein in Stein, Fels oder anderem Gebirge künstlich hergestelltes, rund ausgemauertes, mit Zementmörtel verputztes und mit Flinsen ausgekleidetes Sammelbecken, das Regenwasser auffängt und aufbewahrt. Ihre Anwendung ist auf wasserarme Gegenden (Karst, Dolomiten, Forts usw.) beschränkt. Zisternen müssen solide, zum Schutze vor äußeren Einwirkungen eingedeckt werden. Meist besitzen sie bis zum Boden führende Stiegen oder Leitern,

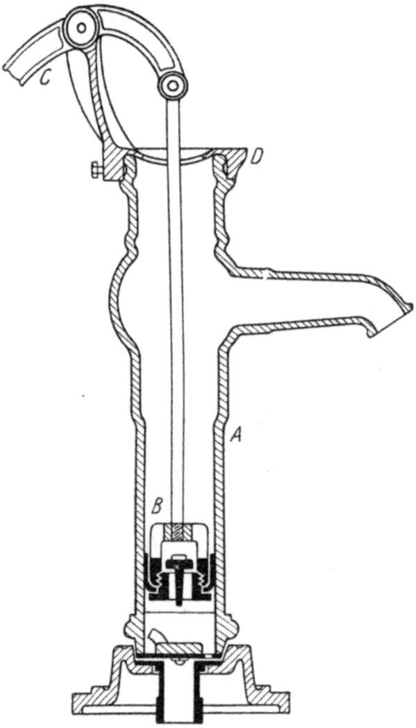

Abb. 4

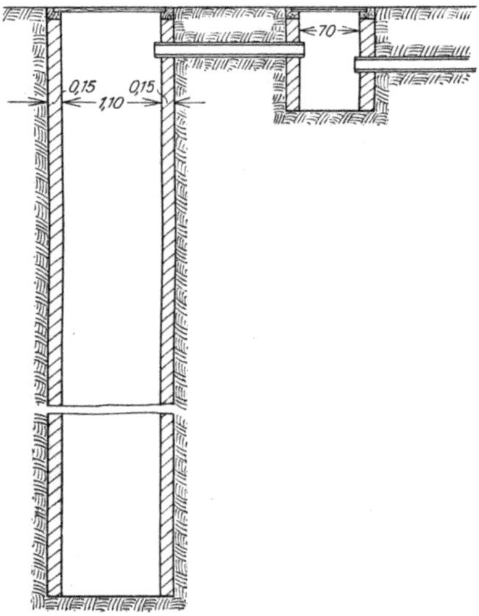

Abb. 5

um das Wasser mittels Eimer (jedoch auch mit Pumpe) heraufbefördern zu können. Vorkammern mit Schotterfilter sorgen dafür, daß nur reines Wasser in die Zisterne gelangt und verbessern auch den Geschmack des Regenwassers.

5. Der Sickerbrunnen und die Sickergrube

Kleine Brunnen geringer Tiefe (2 bis 4 m), die spärliches, durch dünne Sandschichten sickerndes oberes Grundwasser sammeln, heißen Sickerbrunnen (s. Abb. 5).

Im Zwecke entgegengesetzt, in der Konstruktion ähnlich, sind die Sickergruben, die dazu dienen, bei Neubauten oder nicht kanalisierten Grundstücken die Tag- und Dachwässer zum Verlaufen zu bringen. Es ist unbedingt verboten, Überläufe von Senk- oder Düngergruben in die Sickergruben zu leiten, weil dadurch das Grundwasser verunreinigt wird und benachbarte Brunnen darunter leiden. Vor dem Einlaufe der Tagwässer in die Sickergrube ist ein Sandfang einzubauen, damit sich mechanische Verunreinigungen ablagern und die Aufnahmsfähigkeit der Sickergrube erhalten bleibt.

6. Der Sammelbrunnen

Dem Sammelbrunnen wird das Wasser in wasserarmen Gegenden durch in Schlitze verlegte und mit Schotter bedeckte Drainagerohre zugeführt, welche in solcher Zahl und Menge ausgelegt werden, bis die Mengenlieferung sichergestellt ist. Es werden in der Umgebung der Sammelbrunnen auch kleinere Brunnen angelegt, die, mit dem Hauptsammelbrunnen durch Heberleitungen verbunden, ihr Wasser an diesen abgeben. Werden Drainagerohre längs Flußläufen verlegt, so wird der umhüllende Schotter teilweise noch mit Dachpappe geschützt, um bei Wolkenbrüchen, lang andauerndem Regen das Eindringen von Sand usw. in den Schotter zu verhindern, weil durch die Verschlämmung des Schotters die Wasserlieferung vermindert würde.

Abb. 6 zeigt einen Sammelbrunnen, ausgeführt als Senkbrunnen auf Pfostenkranz mit Ziegelgewölbeabschluß, mit einer Tiefe von 5,70 m, einem 3 m hohen Wasserstand und einem 3 m lichten Durchmesser, der eine abbetonierte Sohle hat, damit kein Grundwasser in den Brunnen eindringen kann. Zwischen dem Brunnen und einem Bache ist eine Gravidationsleitung eingebaut, die durch die Anlage eines Filterkastens mit Zwischenwänden und Schotterfüllung zur Reinigung des Wassers unterbrochen ist. Die Anlage hatte auftraggemäß für die Fabrikation ein Wasser mit nicht mehr als fünf bis sechs deutschen Härtegraden zu liefern, weshalb das Grundwasser mit 28 deutschen Härtegraden abgehalten werden mußte. Die Anlage funktioniert seit einigen Jahren bei den verschiedensten Wasserständen im Bache tadellos.

7. Die Quellstube

(Wasserschloß, Brunnstube; s. Abb. 7) dient zur Fassung einer Quelle. Sie wird mit Rücksicht auf unreine Tagwässer sowie Frost 2 m unter dem Terrain angelegt, erhält in der Regel einen Vorsatz (künstliches Staubecken), um dem zufließenden Wasser

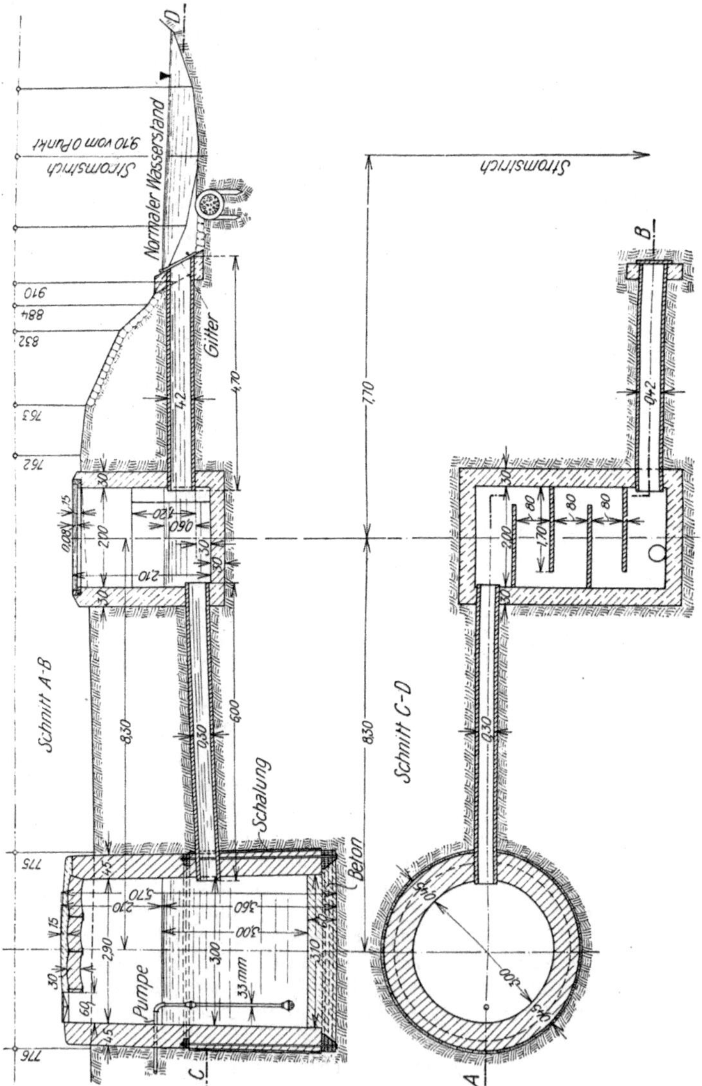

Abb. 6

Gelegenheit zum Absetzen zu geben oder ein Vorfilter aus Schotter kleiner Korngröße. Um die Wassermenge zu erhöhen, geht man den Wasseradern mit Stollen nach.

Quellen entstehen entweder an der Schnittlinie des Grundwasserspiegels mit dem Terrain, also an den Talmündungen undurchlässiger Schichten oder an den Überlaufstellen unter-

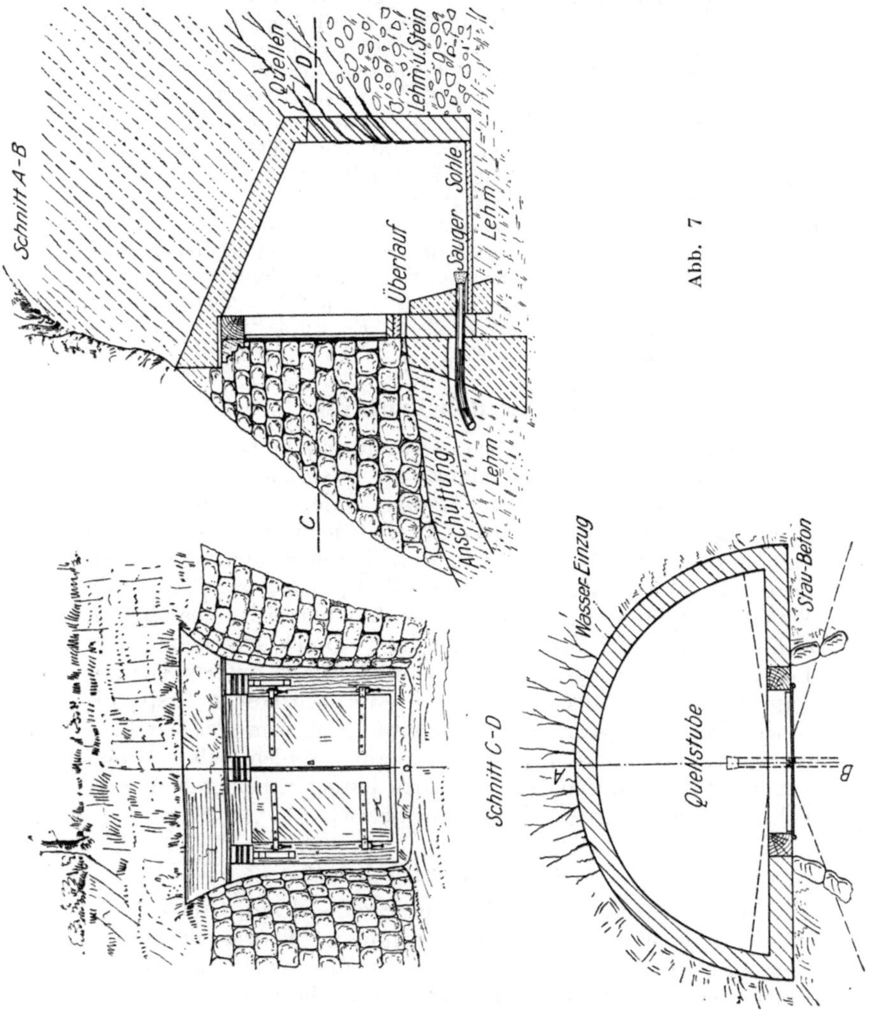

Abb. 7

irdischer Wasserbecken, an den Mündungen oder Überläufen von Spalten oder Hohlgängen, schließlich aus Spalten einer undurchlässigen Decke, unter der das Wasser unter Druck steht.

Die Quellenfassung erfordert sorgfältige Ausführung.

Abb. 8 zeigt ausführlich eine Quellenfassung in Brunnenform in Böhmen. Man ersieht aus der Situation, die zugleich als Einreichungsplan für die Behörde diente, die Lage der Quelle sowie die ganze Wasserleitungsanlage für Schloßgebäude und Ortschaft. Der Schnitt A bis B bringt die Fassung im Detail. Die Tiefe betrug 8 m. Seitlich von der Quelle wurde ein 2 m tiefer Schacht gebaut, welcher zur Aufnahme des Schiebers zum Absperren der Leitung diente. Die Quellstube bekam einen inneren Durchmesser von 3 m und eine 45 cm starke Mauer, eine in Eisen armierte Betonabdeckung, einen Einsteigdeckel von 60 × 60 cm, während der Schieberschacht einen Deckel von 80 × 80 cm erhielt. Die Quelle war so stark, daß sie bis zu der in der Abbildung angegebenen Ventilation stieg, wodurch sich die Hauptleitung automatisch von selbst füllte. Durch das Öffnen der Ausläufe im Tal wirkte die Hauptleitung als Heber, doch ließ sich bei größtem Verbrauch und Beanspruchung der Wasserleitung der 7 m hohe Wasserstand nur bis auf 1 m abhebern. Das Wasser hatte eine einwandfreie Analyse. Es wurde für Trinkwasser- und Feuerlöschzwecke verwendet.

8. Der Bohrbrunnen

Bohrbrunnen kommen zur Anwendung in tiefen Becken, wo entweder kein oberes Grundwasser oder nur schlechtes vorhanden ist. Es werden dann in die Sohle eines gewöhnlichen Brunnens Bohrlöcher abgeteuft, durch die je nach den Druckverhältnissen das Wasser bis in den Brunnen aufsteigen kann (artesische Wirkung). Es ist begreiflich, daß das aufsteigende Wasser um so reiner wird, je mehr es Zeit hat, sich zu beruhigen, d. h. je höher es im Brunnen aufsteigt. Durch Anwendung von Bohrbrunnen wird gegenüber einem bis zum unteren Grundwasserspiegel abgeteuften Brunnen eine bedeutende Ersparnis erzielt. Eine Ersparnis, wenn auch nicht in dem gleichen Umfange, kann übrigens auch dadurch erzielt werden, daß man den Brunnen flaschenförmig abteuft, wozu jedoch neben größter Vorsicht, eine umfangreiche Erfahrung gehört.

9. Der Zentralbrunnen

In wasserarmem Boden bzw. in Boden, dessen Grundwiderstände so groß sind, daß nicht genügend Wasser mit einem einzigen Brunnen, wenn auch von großer Saugfläche, zu gewinnen ist, bedient man sich des Zentralbrunnensystems. Es besteht darin, daß ein großer Brunnen (s. Abb. 9) an der gewünschten Hauptentnahmsstelle, z. B. in der Nähe des Maschinenhauses, und um diesen Brunnen als Mittelpunkt in einem Umkreise von 50 bis 100 m kleinere Brunnen angelegt werden.

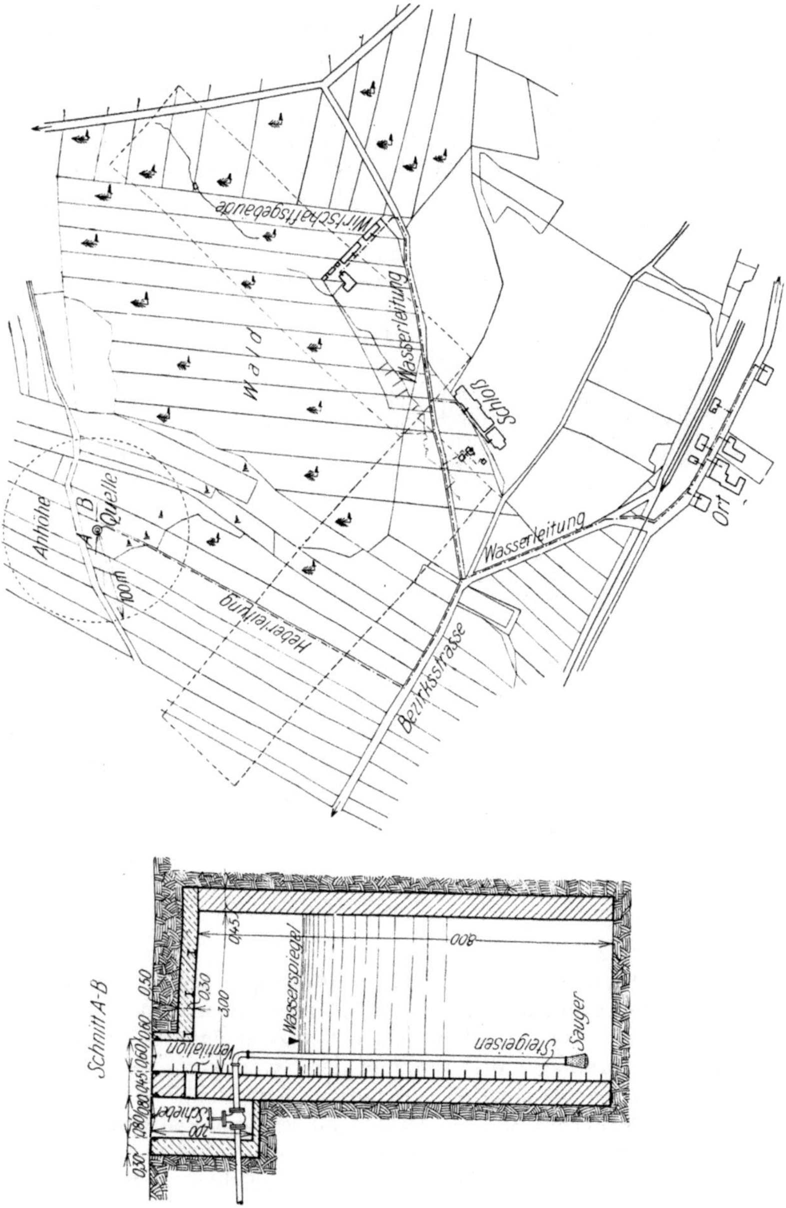
Wirtschaftsgebäude
Wasserleitung
Wald
Schloß
Quelle
Anhöhe
A
B
100m
Heberleitung
Bezirksstrasse
Wasserleitung
Ort
Schnitt A-B
Wasserspiegel
Ventilation
Steigeisen
Sauger
Schieber
8.00
3.00

Abb. 8

Es können dies gewöhnlich gegrabene Gurtenbrunnen, Versenkbrunnen oder Bohrbrunnen sein. Nach Fertigstellung der im Kreise angelegten Brunnen wird von jedem einzelnen zum Zentralbrunnen hin eine Heberleitung hergestellt, die mit dem Pumpensauger im Zentralbrunnen durch kleine Entlüftungsleitungen verbunden ist. Jede dieser Entlüftungsleitungen muß ein eigenes Rückschlagventil haben, um den Heber zu entlüften und in

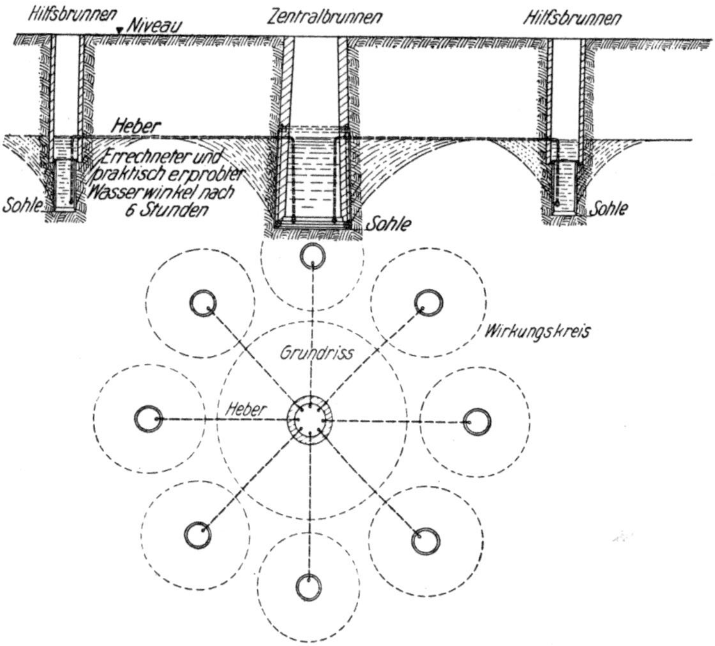

Abb. 9

Tätigkeit setzen zu können. Bei Schöpfbeginn senkt sich der Wasserspiegel zunächst im Zentralbrunnen, dann erst in den Außenbrunnen. Wenn die Pumpe ihre Tätigkeit einstellt, gleichen sich die Wasserspiegel aller Brunnen des Systems aus.

Durch dieses System ist es möglich, jede Menge Wasser zu erreichen. Derartige Anlagen wurden zu wiederholten Malen für Städte, Gemeinden und Großindustrien ausgeführt und haben immer zu günstigen Resultaten geführt. (Bezüglich der Sammelbrunnen s. S. 7.)

Die Abb. 11 und 12 bringen zwei Zentralbrunnen verschiedener Ausführung. Der Brunnen (Abb. 11) hat einen Pfostenversenkkranz mit 45 cm Aufmauerung und 2,90 m innerem mittleren Durchmesser. Um diesen Zentralbrunnen wurden in einer Entfernung von 50 m

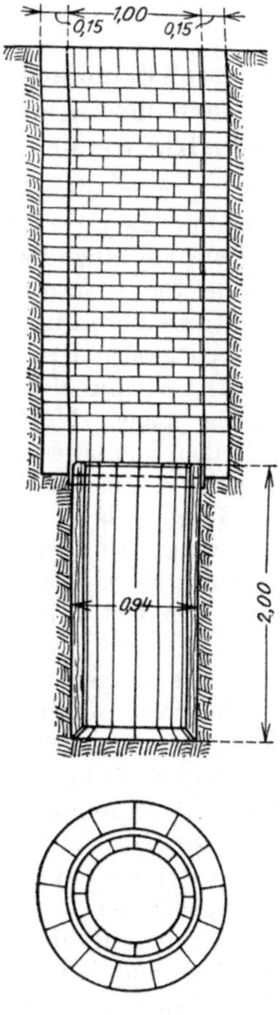

Abb. 10

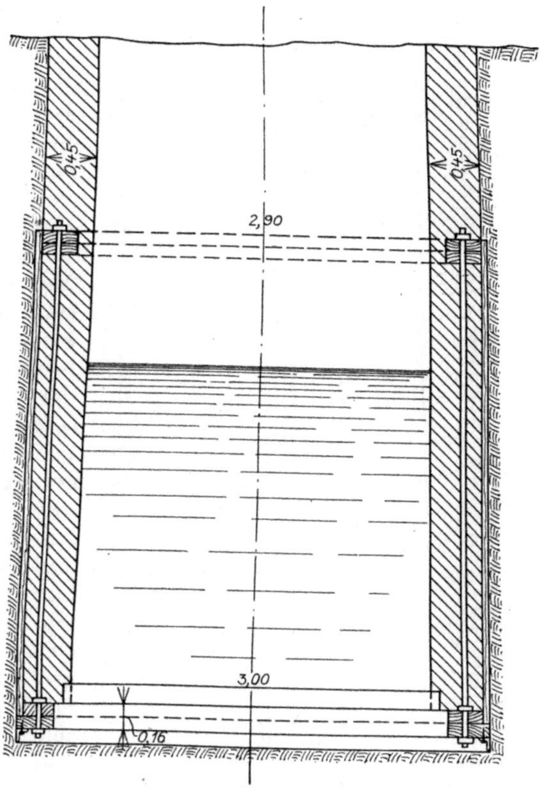

Abb. 11

gewöhnlich gegrabene Brunnen mit 1 m Lichtweite (Abb. 10) ausgeführt, die in Verbindung gebracht wurden. Der Bau wurde in lehmig-sandigem Boden vorgenommen. Eine gleiche Anlage, jedoch im schweren Schotterboden, mußte einen Stöckelkranz erhalten, wie Abb. 12 zeigt. Beide Anlagen dienten zur Wasserbeschaffung für größere Gemeinden. Die Heberleitung sowie die Brunnen selbst funktionierten tadellos. Die Brunnen wurden über Terrain erhöht, mit Zementmörtelputz versehen und wasserdicht abgedeckt, genau wie Brunnen in Inundationsgebieten,[1] hergestellt. Die Einsteigöffnung wurde aus Gußeisen 60 × 60 cm im Quadrat ausgeführt.

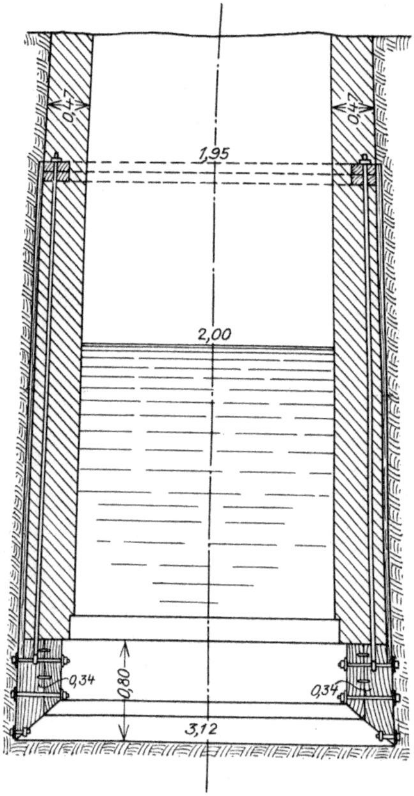

Abb. 12

10. Der großdimensionierte Gurtenbrunnen für Industriezwecke

Findet sich in einem Boden Grundwasser erst in einer Tiefe von über 10 (bis zu 50) m vor, so kann von einem Versenkbrunnen wegen der zu großen Reibungswiderstände an der Mantelfläche keine Rede sein. Außerdem kommt als erschwerender Umstand hinzu, daß man, da bei der Absenkung des Versenkbrunnens die nächste Umgebung zum Teil mitgerissen wird, zum Teil unter dem Böschungswinkel nachgibt, man Gefahr läuft, Fundamente benachbarter Gebäude zu lockern. Um dies zu verhindern, greift man zur Bauart der großen Normalbrunnen mit Gurten (sogenannter Maschinenbrunnen), mit der man jede Tiefe und jeden Durchmesser ohne Gefährdung der Umgebung erreichen kann. Die Mauerstärke (s. S. 59, Abs. 5a) und Größe der Maschinenbrunnenbüchse (s. S. 64, Abs. d) richtet sich nach dem Durchmesser des Brunnens und der zu durchfahrenden Gebirgsschichten. Die Bauart des Brunnens gleicht der der Brunnen mit kleinem Durchmesser, nur

[1] D. h. in Überschwemmungsgebieten, in denen Schutzdämme die Leitung der Hochwässer regeln.

werden die Gurten entsprechend stärker ausgebildet, damit sie das auf ihnen ruhende Mauerwerk sicher und gut tragen (s. S. 59, Abs. 5 b).

Die Abb. 14 bis 16 zeigen verschiedene Maschinenbrunnen mit Gurten, geben jedoch nur einen bescheidenen Überblick über die vielen auf diese Weise erbauten Brunnen oder über notwendig gewordene Rekonstruktionen bestehender Brunnen infolge verfaulter Büchsen, Verschwinden des Wassers (bei größerer Dürre, Verlegen von Flüssen, Bächen, Seen und Strömen zu Kraftwasseranlagen usw.) u. dgl. m. Man ist imstande, durch diese Brunnen jede Menge Wasser zu liefern und kann auch bei sachgemäßer Arbeit reines einwandfreies Trinkwasser beschaffen. Bei so großem Durchmesser darf man sich noch weniger verführen lassen, größere Tiefen als 1,60 m vorzuarbeiten oder vielleicht gar Segmente mit größerer Bogenlänge (Ramenade) als 1,60 m (nur bei sehr gutem Grunde eventuell 2 m) auszubrechen. Besonders gefährlich wäre dies in der Strecke der Zwischenwässer, weil ein rasches Unterwaschen der Mauer die Gurte zum Einsturz bringen und den Bauzustand des Brunnens dadurch gefährden würde.

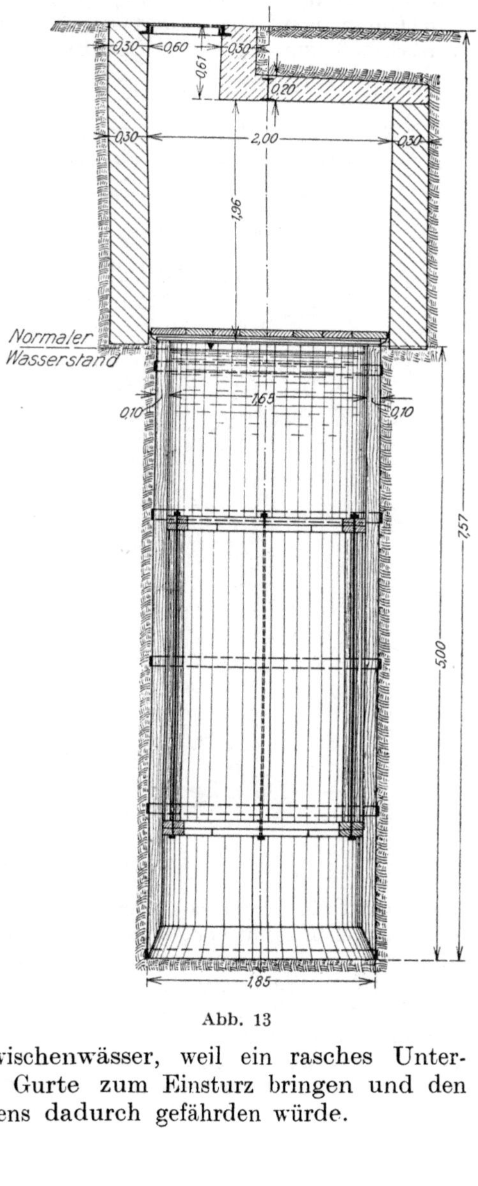

Abb. 13

Abb. 13 zeigt einen Brunnen mit 2 m innerer Lichtweite, einer Betonabdeckung mit gußeisernem Einsteigdeckel. Die Brunnenbüchse hat 5 m Höhe, eine innere Lichtweite von 1,60 m und nur zwei Spannreifen, da das Gebirge (Lehm mit etwas Sand) leicht zu durchfahren war. Die wasserführende Schicht wurde durch eine Versuchsbohrung ergründet. Der Brunnen diente zur Gewinnung

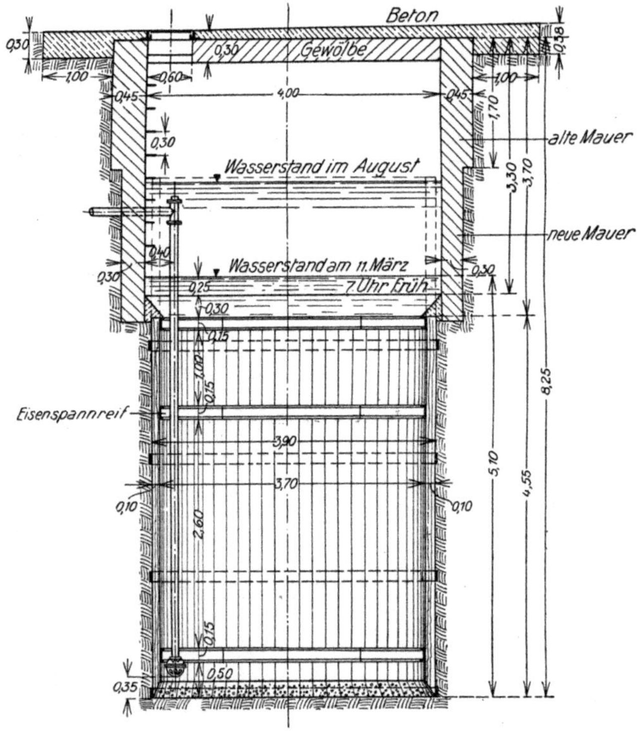

Abb. 14

von Trinkwasser für einen größeren .Haushalt und hatte eine 200 m lange Saugleitung mit der Pumpe im Wohnhaus. Die Brunnenbüchse wurde mit einem Podest aus Lärchenholz auf kleinen Eisenträgern abgedeckt. Die Lieferung des Wassers war einwandfrei.

Abb. 14 stellt einen rekonstruierten Trinkwasserbrunnen für ein großes Institut dar. Beim Bau des Brunnens war eine 45 cm starke Mauerung bis zum damaligen Wasserspiegel (1,70 m unter Terrain) hergestellt, und eine Büchse mit 6,50 m Höhe eingetrieben worden, die jedoch bis zum März immer wieder einen tieferen Wasser-

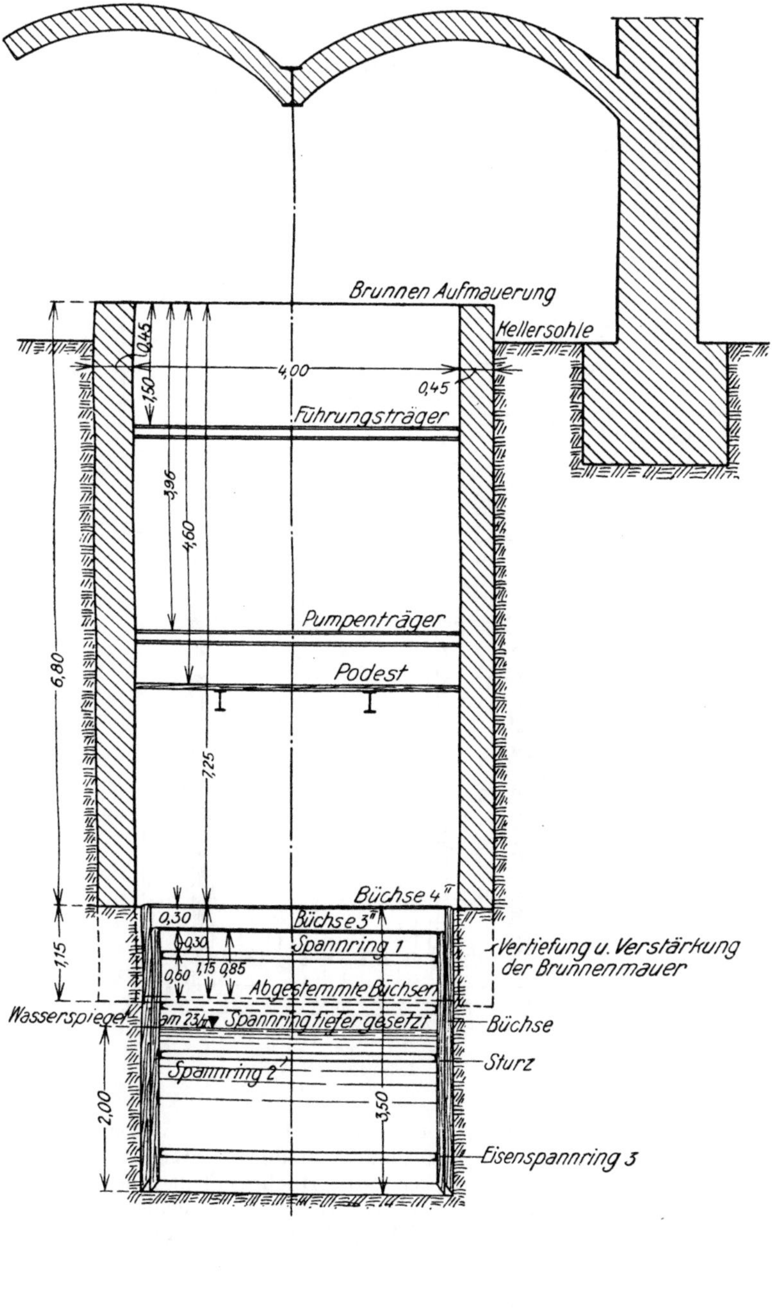

Brunnen Aufmauerung
Kellersohle
0,45
4,00
0,45
1,50
Führungsträger
3,96
4,60
Pumpenträger
Podest
6,80
7,25
Büchse 4"
0,30
Büchse 3"
0,30
Spannring 1
Vertiefung u. Verstärkung der Brunnenmauer
1,15
0,60
1,15
0,85
Abgestemmte Büchsen
Wasserspiegel
am 23.4.
Spannring tiefer gesetzt
Büchse
Sturz
Spannring 2
2,00
3,50
Eisenspannring 3

stand hatte, so daß der obere Teil der Büchse in einer Höhe von zirka 1,70 m verfaulte, sich die Gurten entleerten und das Erdreich durch die Büchse in den Brunnen kam. Der Brunnen mußte daher in einer Tiefe von 1,70 m unterfangen werden. Diese Arbeit geschah unter

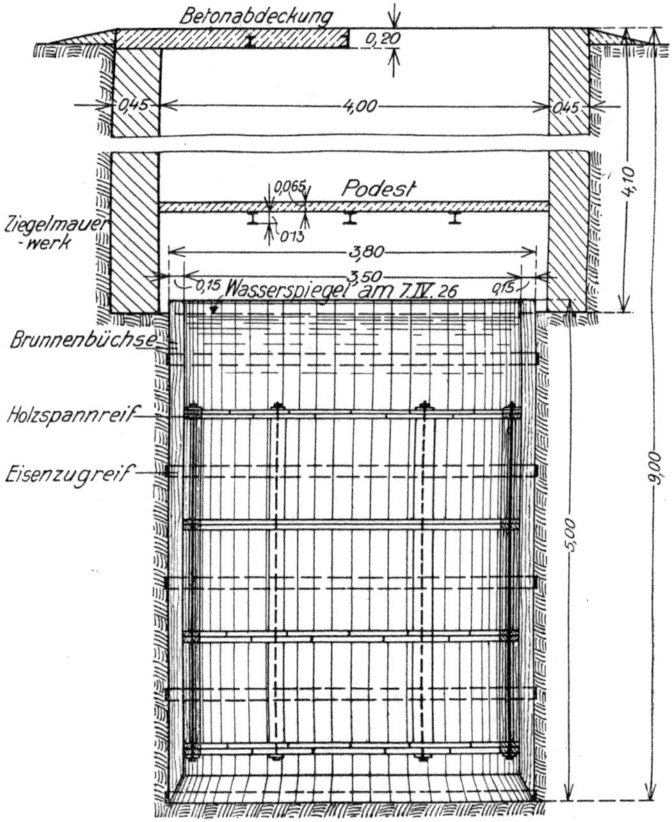

Abb. 16

Wasserschöpfen bis zum gesunden Teil der Büchse, die in dieser Tiefe abgestemmt wurde; der bestehende Brunnen wurde durch eine 30 cm starke Mauer unterfangen. Die Büchse erhielt neue, eiserne Spannreifen aus U-Trägern. Der Brunnen wurde gründlich gereinigt und die Sohle mit einer neuen Schotterlage bedeckt. Auf den oberen Teil der Büchse wurde eine Betonresche zum Schutze gegen seitliches

Eindringen von Wasser gegeben. Das Gewölbe, bzw. die Abdeckung des Brunnens wurde mit einer neuen 8 cm starken Betonschicht überzogen. Die Analyse ergab einwandfreies Trinkwasser.

Abb. 15 zeigt einen gewöhnlichen Gurtenbrunnen als Maschinenbrunnen in einem Keller neben dem Maschinenhaus. Dieser Brunnen wurde in den Siebzigerjahren des vorigen Jahrhunderts für eine Milchindustrie erbaut. Wie aus der Abbildung zu ersehen ist, war der Wasserstand so sehr wechselnd, daß der außenstehende Teil der Brunnenbüchse verfaulte. Dieses verfaulte Stück wurde mit verstärkter Mauer nach segmentartiger Ausstemmung der Büchse (Füssel) bis zu dem Wasserspiegel vom 23. Februar ersetzt. Zur Sicherheit gegen Setzungen bestand aus früheren Jahren in diesem Brunnen ein Sturz, der ebenfalls zu faulen begonnen hatte. Um der Gefahr einer Setzung, die auch für das zweistöckige Gebäude, in dessen Keller sich der Brunnen befand, hätte üble Folgen zeitigen können, auszuweichen, wurde der Sturz sowie die Büchse wie vorbeschrieben abgestemmt und das Mauerwerk bis zum Wasserspiegel geführt. Das Resultat war günstig, da seit Durchführung dieser Reparatur vor zirka fünfzehn Jahren die Büchse und der Sturz ununterbrochen unter Wasser blieben und sich keine Fäulnis mehr

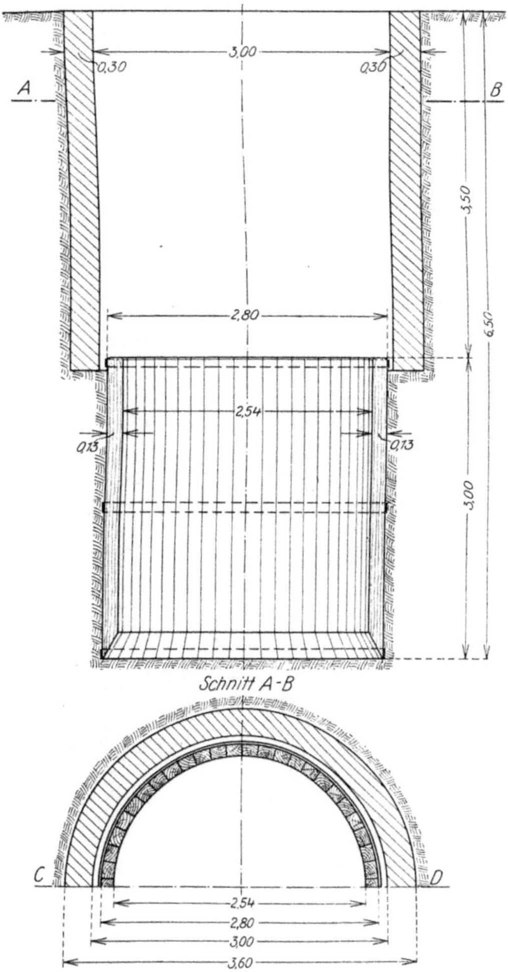

Abb. 17

zeigte. Der Brunnen steht in Wien im III. Bezirk noch heute in Betrieb.

Abb. 16 stellt einen 9 m tiefen normalen Maschinenbrunnen mit Gurtenunterfangung auf 4,10 m im Trockenen sowie einer 5 m

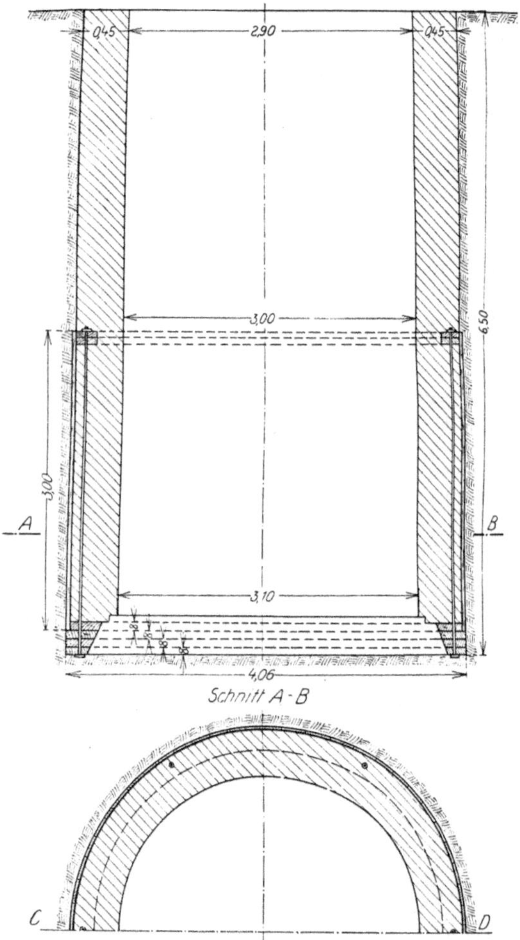

Abb. 18

hohen Brunnenbüchse mit Spannreifen dar. Der Brunnen wurde in einem Boden abgeteuft, in dem der Wasserspiegel das ganze Jahr ziemlich gleich blieb. Er erhielt einen Podest aus Beton zur Vermeidung von Verunreinigungen eingebaut. Der Brunnen diente zur

Trinkwasserversorgung einer größeren Gemeinde. Die eine Hälfte des Brunnens wurde durch eine 20 cm starke Betonplatte mit Eiseneinlagen, die andere Hälfte, worüber ein Pumpenhaus zu stehen kam, mit Riffelblech abgedeckt.

11. Vergleich der Ergiebigkeit zwischen Versenkbrunnen und Normalbrunnen

Zum Vergleich der Ergiebigkeit der beiden Brunnen bei gleichem mittleren Durchmesser und gleich hohem Wasserstand dienen die Abb. 17 und 18.

Der normal unterfangene Büchsenbrunnen mit 3 m innerer Lichte (Abb. 17) hat an der Brunnensohle einen Saugflächendurchmesser von 2,80 m, während ein Versenkbrunnen (Abb. 18) mit einem mittleren Durchmesser von 3 m, an der Sohle einen Durchmesser von 4,06 m, somit um 1,26 m größeren Durchmesser hat. Wenn also das Gebirge den Bau eines Versenkbrunnens zuläßt, so ist die Saugfläche und damit die Ergiebigkeit des Versenkbrunnens größer. Den Mehrziegelverbrauch macht die Mehrergiebigkeit dieses Brunnens in den Kosten wett.

Die Saugflächen verhalten sich wie die Quadrate der Durchmesser, also $2{,}8^2 : 4{,}06^2$, d. h. wie 1 : 2,1.

II. Bauausführung und Anwendung der Brunnen

1. Baustoffe

a) Der Ziegel

Der beim Brunnenbau verwendete Ziegel hat entweder österreichisches (6,5/14/29) oder deutsches (6,5/12/25) Format (Prisma). Er muß scharfkantig sein, hell klingen und darf keine ungelöschten Kalkstücke aufweisen, da diese im feuchten Brunnen und bei Wasserarbeiten durch ihre Lösung den Ziegel zersprengen und dadurch den Bestand des Brunnens gefährden würden.

Dumpfklingende Ziegel, unreine und nichtreinkantige Ziegel sind auszuschließen. Zur Gurtenstellung müssen besonders sorgfältig ausgesuchte Ziegel verwendet werden. Gebrochene, mürbe, verzogene, überbrannte Ziegel sind auf jeden Fall vom Brunnenbau auszuschließen. Die Ziegel sollen auch Filterfähigkeit haben, sodaß sie auftretende Seitenwässer, wenn dieselben nicht durch Abmauerung abgehalten werden können, zum Teil filtrieren.

b) Das Holz

Für den Brunnenbauer kommt nur Lärchen- oder Schwarzföhrenholz in Frage und zwar wird Lärche für die Büchsen, Kränze und Podeste, Schwarzföhrenholz meist nur für die Holzpumpen genommen.

c) Beton

Beton ist ein aus Zementmörtel und Zuschlägen bereitetes und erhärtetes Gemenge. Zementmörtel ist ein Gemenge aus Zement, Sand und Wasser. Als Zement kommt im Brunnenbau Portlandzement oder Romanzement in Betracht. Die Bestandteile des Betons, d. i. Zement, Sand und Kies oder Schotter werden innig gemengt und unter entsprechendem Wasserzusatz verarbeitet. Der Zement muß den Normen entsprechen. Der Sand soll möglichst rein und scharfkantig und von verschiedener Korngröße sein. Lehmige und erdige Verunreinigungen, die am Sande haften, sind als schädlich sorgfältig zu entfernen. Zur Erzielung eines dichten und festen Betons muß in der Mischung genügend Mörtel vorhanden sein, um alle Hohlräume des Steinmaterials auszufüllen und die einzelnen Steinstücke mit einer Mörtelschichte zu umhüllen; überdies muß auch der Mörtel selbst dicht sein. Die Hohlräume des Kies- oder Schottermaterials betragen 30 bis 50%; sie sind jeweils durch Versuche zu ermitteln.

Mischung des Betons. Ist das Mischungsverhältnis in Kilogramm Zement auf 1 m^3 Gemenge von Sand und Schotter angegeben, so ist dies so zu verstehen, daß die angegebene Gewichtsmenge Zement auf 1 m^3 des trockenen Gemenges entfällt. Ist Sand und Steinmaterial getrennt geliefert, so ist das Raummaß des Gemenges aus a Teilen Sand und b Teilen Zuschlägen durch Versuch zu ermitteln.

Ist hingegen das Mischungsverhältnis in der Form Raumteile Zement : Raumteile Sand : Raumteile Steinmaterial angegeben, so ist nach diesen Raumteilen zu mischen. Sind hiebei Sand und Steinmaterial nicht getrennt vorhanden, sondern als natürliches Gemenge zu benützen, so ist vorher durch probeweise Trennung dieses Gemenges und entsprechendes Mischen zu ermitteln, wieviel Raumteile des Gemenges durch Zusammenmischen von 1 Raumteil Sand und 1 Raumteil Steinmaterial erhalten werden.

Die Mischung muß eine möglichst innige sein und zuerst trocken auf einer Holzpritsche, unter allmählichem Zusatz von

Wasser vorgenommen werden. Die Mischung erfolgt entweder von Hand oder mit Mischmaschine. Die Verarbeitung des Betons kann mit geringerem oder größerem Wasserzusatz erfolgen. Man unterscheidet darnach den erdfeuchten Beton, der mit soviel Wasser angemacht wird, daß er sich in der Hand ballen läßt, sowie den plastischen oder weichen Beton, bei welchem der Wasserzusatz reichlicher bemessen ist; somit ist die Masse zwar noch stampffähig, wird aber während des Stampfens weich. Schließlich unterscheidet man noch nassen oder Gußbeton, der fließend ist, sich aber nicht mehr stampfen läßt. Der Wasserzusatz richtet sich nach dem Verwendungszwecke des Betons. Es ist die Wassermenge aber auch verschieden zu bemessen, je nach dem Trockenheitsgrade der Witterung, dem Feuchtigkeitsgehalte des Sandes und der Wasseraufnahmsfähigkeit der Zusatzstoffe und der Schalung. Durchschnittlich erfordert erdfeuchter Beton an Wasserzusatz 5 bis 8% des Gemengvolumens, plastischer Beton 10 bis 15%, bei ganz trockenem Gemenge auch mehr.

Der erdfeuchte Beton wird in Schichten von 15 bis 20 cm in die Baugrube oder in die Schalform gebracht und durch Stampfen mittels 11 bis 17 kg schweren Stampfern solange verdichtet, bis sich auf der Oberfläche Wasser zeigt.

Der plastische Stampfbeton wird gewöhnlich in höheren Schichten eingebracht und solange gestampft, bis er eine gleichförmige weiche Masse bildet. Je nässer der Beton verarbeitet wird, eine desto geringere Rolle spielt das Stampfen. Im allgemeinen wird bei gut gestampftem, erdfeuchtem Beton größere Festigkeit erzielt als bei plastischem Beton, jedoch ist man bei ersterem mehr von der Güte und Sorgfalt der Ausführung abhängig.

Besondere Sorgfalt ist auf das Stampfen der Ecken und Außenseiten zu verwenden.

Der fertige Stampfbeton darf nur langsam trocknen. Betonbauten über Wasser sind daher namentlich bei trockenem Wetter satt anzusetzen und durch mindestens acht Tage nach der Herstellung feucht zu halten, um die Bildung von Schwindrissen zu verhüten.

Für die Beurteilung der Güte und Verwendbarkeit kommt hauptsächlich in Betracht:

Die Eigenschaften der verwendeten Bestandteile: des Zementes, Sandes (Reinheit von lehmigen Stoffen, Korngröße, Raumgewicht) und Schotters, das Mischungsverhältnis und die Sorgfalt der Bereitung des Betons.

Tabelle 1. Dichter Beton für Sand-Kiesgemenge[1]

Mischung in RT.	1 m³ fertiger Beton erfordert			Ausbeute	Anmerkung
	Zement kg	Gemenge Sand u. Kies m³	Wasser l		
1 : 2	660	0,95	260	0,71	Festgelagertes Sand- und Kies-gemenge
1 : 3	460	0,96	205	0,79	
1 : 4	340	0,96	170	0,84	
1 : 5	270	0,97	150	0,87	
1 : 6	225	0.98	135	0,88	
1 : 7	195	0,98	125	0,89	
1 : 2	660	0,96	260	0,71	Lose gelagertes Sand- und Kies-gemenge Auflockerung 1,15[2]
1 : 3	470	1,03	210	0,73	
1 : 4	350	1,08	180	0,75	
1 : 5	280	1,10	160	0,76	
1 : 6	240	1,11	145	0,77	
1 : 7	215	1,12	130	0,78	
1 : 8	195	1,13	120	0,78	

2. Werkzeuge

Von den Werkzeugen, die der Brunnenbauer bei den Wasserarbeiten im Brunnen benötigt, sei als erster der Bagger (Paternosteraufzug s. Abb. 19) genannt, der mit einer verlängerbaren Baggerkette an der Sohle des Brunnens mit einer schweren Trommel arbeitet und durch die Becher dieser Kette das Material zutage fördert; er kann von Hand oder maschinell betrieben werden.

Der Greifbagger (s. Tafel IV) öffnet sich beim Hinablassen durch einen Zug am Seil und legt sich in geöffnetem Zustand auf die Sohle des Brunnens auf. Durch die Bedienung eines zweiten Seiles auf einer Rolle hebt sich der Rahmen der Baggerhalbkiste;

[1] Entnommen aus: Der Bauratgeber (8. Aufl. von Junk, Wiener Bauratgeber) Wien: Julius Springer, 1927.

[2] Sind in der Raumeinheit des natürlichen Sand-Kiesgemenges s RT. Sand und k RT. Kies-Schotter enthalten, entfallen auf die Raumeinheit Kies-Schotter h_k Raumeinheiten Hohlräume, so versteht man unter Auflockerung das Verhältnis

$$\frac{s+k}{s+(1-h_k)\,k}$$

Dasselbe schwankt nach Saliger zwischen 1,1 bis 1,2 und sollte stets bestimmt werden.

dadurch schließen sich die Schalen und nehmen das Material in sich auf, welches nun zutage gefördert wird.

Der S-Bohrer (auch S-Bagger genannt), der mit einem einfachen Bohrgestänge in die Tiefe gelassen wird (s. Tafel IV), hat an der Unterseite Spitzen zum Lockern des Materiales angeordnet und bei jedem Aufnahmskasten ein abwärts geneigtes Scharrblech. Durch eine von der Dichtheit des Materiales abhängige Anzahl von Drehungen werden die zwei Baggerkästen des Bohrers gefüllt und hierauf zutage gefördert.

Der Sackbohrer (s. Tafel I, S. 34) ist ebenfalls auf einer langen Bohrstange mit einfachem oder wie beim S-Bagger mit doppeltem Sack, der sich bei dem Eindrehen des Baggers mit Material füllt, ausgestattet.

Bei kleineren Brunnen bedient man sich der Räumhaue. Dieselbe ist auf einer Holzstange als geknickte Faßschaufel mit aufgebogenen Rändern befestigt. Die Räumung unter Wasser mit Räumhaue ist besonders zu lernen; ein guter Brunnenbauer bringt es mit diesem Werkzeug zu einer erstaunlichen Fertigkeit und ist imstande, mit derselben unter Wasser bis zu einer Tiefe von 5 m Material sehr rasch zutage zu fördern (s. Tafel II, S. 36).

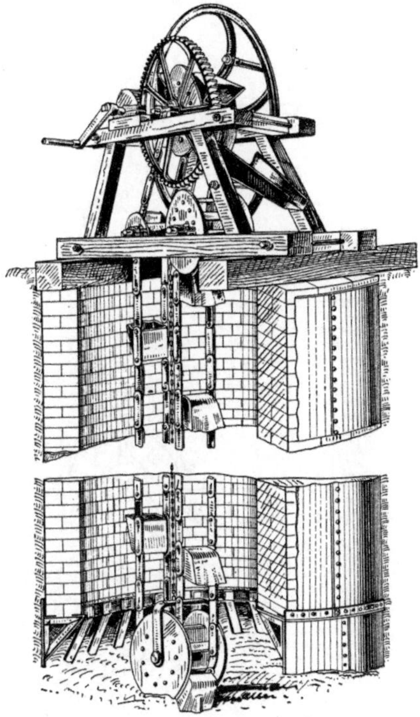

Abb. 19

Zur Lockerung des Materiales beim Räumen bedient sich der Brunnenbauer verschiedener Werkzeuge (s. Tafel II). Sie sind aus geschärftem Eisen hergestellt und auf einer Holzstange befestigt. Sie zeigen die verschiedensten Formen: Lanzenförmige, herzförmige, gegabelte und Spitzgräbler, die je nach der Dichtheit des Materiales und Durchmessers des Brunnens in Verwendung kommen.

Bei Baggerungen wird, ebenso wie bei Arbeiten mit der

Räumhaue, immer in der Mitte des Brunnens trichterförmig vorgebaggert und das Material der Seitenwände von den Gräblern durch diese Arbeit der Räumhaue und dem Baggerkasten zugeführt. Bei Senkbrunnen oder Büchsen ist immer auf **der** Seite, wo das Material härter ist, ununterbrochen zu gräbeln, damit das Absenken oder Eintreiben der Büchse gleichmäßig erfolgt. Auf

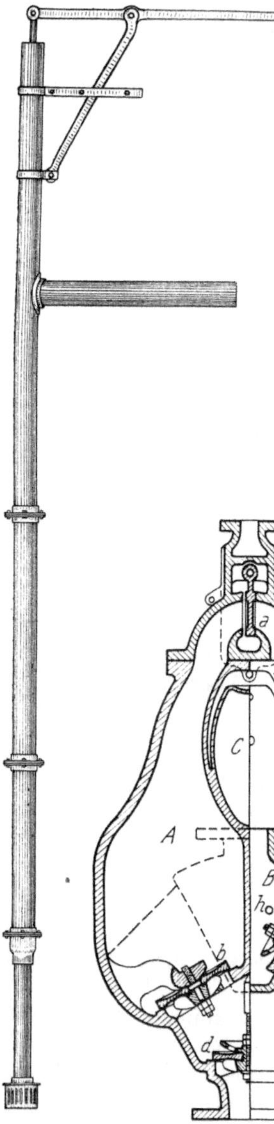

Abb. 20

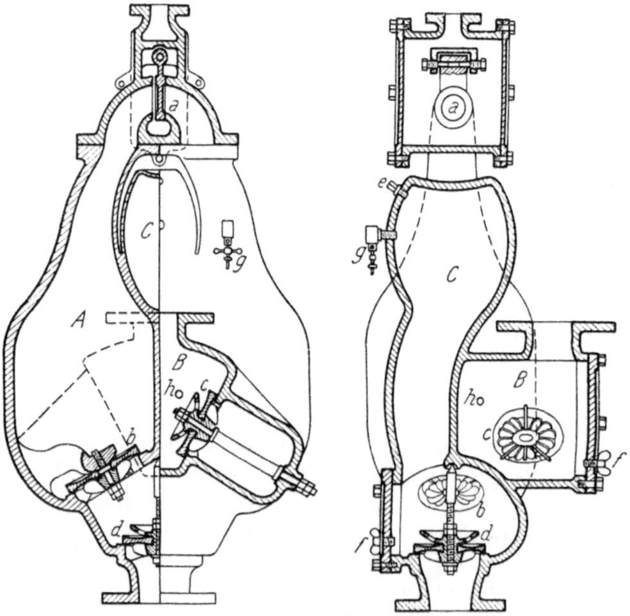

Abb. 21

der lockeren Seite mit Gräbler zu arbeiten wäre nicht gut, da das Material hinter der Mauer oder Büchse leicht in den Brunnen eindringen und einen erhöhten unnötigen Erdaushub ergeben würde.

Mit vorbeschriebenen Werkzeugen ist man imstande, Wasserarbeiten ohne Schöpfung in Schotterbrunnen bis zu jeder Tiefe und mit jedem Durchmesser auszuführen. Bei Tegel, Lehm oder Stein werden diese Werkzeuge nicht mehr angewendet, hier muß Wasserschöpfarbeit mit Pumpe oder Pulsometer einsetzen.

Die Reißpumpe (s. Abb. 20) dient, wie der Name sagt, dazu, das Wasser rasch und schnell aus den Brunnen herauszureißen (schöpfen). Sie besteht aus groß dimensionierten Schmiedeeisenrohren mit Flanschen, durch die der Kolben von oben bis zum Arbeitszylinder eingeführt wird (also mit gleichem inneren Durchmesser von oben bis zur Ventilklappe). An das sogenannte Kopf- oder Doggenrohr mit Auslauf schließen Zwischenrohre je nach Tiefe des Brunnens an, und an diese das Stiefelrohr, in dem der Stiefel aus Messing (Arbeitszylinder) untergebracht ist. Am Ende des Stiefelrohres befindet sich die Lederklappe, die im Saugrohrstutzen befestigt ist. Der Sauger dieser Pumpe kann durch Stopfbüchse oder Schlauch erhöht oder gesenkt werden, so daß die Grabarbeit durch ihn nicht behindert wird. Die ganze Pumpe hängt je nach der Tiefe an ein bis drei langen Ketten, welche an einem quer über den Brunnen gelegten Kantholz befestigt sind. Das außenstehende Doggenrohr wird am Tragbaum festgehalten.

Die Reißpumpe dient lediglich für Bauzwecke; sie muß so leicht wie möglich konstruiert sein, daß sie rasch mit wenig Kraft eingebaut werden kann.

Das Pulsometer (s. Abb. 21) ist für den Brunnenbauer wie die Reißpumpe ein ebenso unentbehrliches Werkzeug. Die Funktion des Pulsometers ist folgende:

Der Dampf tritt durch die Pendelkammer, in welcher sich eine bewegliche Zunge a befindet, in die linksseitige Kammer A und drückt nun aus dieser das Wasser in die Kammer B, wobei das Ventil b geschlossen bleibt. Wenn nun das Wasser durch den Dampf unter die Spritzlöcher h getrieben ist, spritzt das kalte Wasser in den nun entstandenen Dampfraum, wodurch sich der Dampf kondensiert und ein Vakuum entsteht. Dadurch wird die Zunge a angezogen und für den Dampf der Weg in die rechtsseitige Kammer freigegeben. Beim Anschließen der Zunge hebt sich durch das Vakuum das Gummiventil b und d und zieht das Wasser in den Vakuumraum ein. Während dieser Vakuumisierung kommt durch das Luftventil g kalte Luft in den Raum, der mit Dampf

Tabelle 2

Nr.	Leistung per Minute in Litern, bei 12 Atm., Förderhöhe Meter 5—20	bei 6 Atmosphären, Förderhöhe Meter 5	10	20	30	40—50	Gewicht kg	Notwendige Heizfläche des Kessels in m²	Äußere Dimensionen des Pulsometers a Höhe	b Tiefe	c Weite	Innere Rohrdurchmesser mm Saug- u. Druckrohr	Dampfrohr
0	60	60	50	35	25	15	20	2	430	240	225	25	7
1	100	100	70	50	40	20	40	2	555	275	295	33	10
2	160	160	125	100	75	50	56	3	630	305	335	40	10
3	250	250	200	160	125	80	90	3	745	375	395	50	10
4	350	350	250	200	150	100	120	4	860	390	450	65	13
5	500	500	400	320	240	150	180	5	965	470	535	80	20
6	600	600	500	400	300	200	260	9	1080	512	612	100	26
7	900	900	750	600	400	350	320	10	1175	565	635	100	26
8	1350	1350	1100	920	700	500	340	15	1350	615	725	125	33
9	2000	2000	1800	1250	1000	600	550	20	1580	710	855	150	40
10	2500	2500	2000	1650	1200	900	850	25	1650	770	925	175	40
11	3500	3500	3100	2450	1800	1200	920	30	1770	850	1060	225	52
12	5000	5000	4500	3300	2500	1800	1300	48	1930	1160	1130	250	52

gefüllt war, und erhöht noch die Kondensation. Nun drückt in der rechten Kammer der Dampf auf das Wasser in den Hohlraum, so daß das in demselben befindliche Wasser durch das Ventil c wieder bis zum Spritzloch h in den Raum B kommt. In dem Moment, wo das Spritzloch passiert wird, strömt der kalte Wasserstrahl in den Dampfraum A der rechten Kammer und es wiederholt sich der Vorgang wie vorbeschrieben. C ist der Druckwindkessel der Steigleitung, B der Saugwindkessel, f dient zur Entleerung des Pulsometers, während e die Füllschraube für den Pulsometer bedeutet. Die Schöpfung geht gleichmäßig pulsierend, ähnlich der Herztätigkeit, vor sich, daher der Name „Pulsometer". Da das Pulsometer Flüssigkeiten wie Öl, leichten Teer, Schlamm, sandiges Wasser usw. schöpft und leicht zu handhaben ist, wird es von dem Brunnenbauer häufig und gerne verwendet.

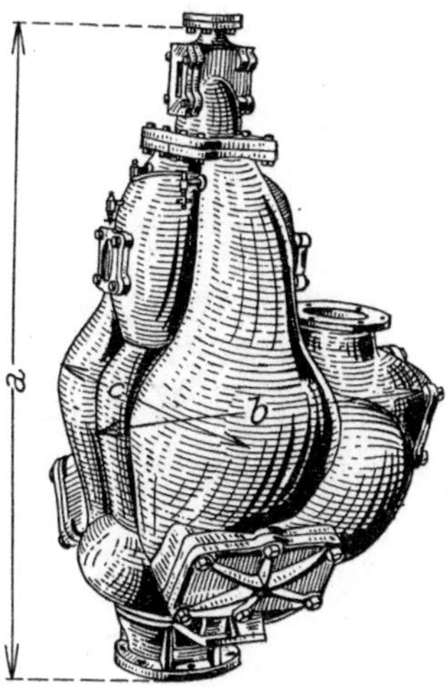

Abb. 22

Ich habe auch schon im Flugsand ohne Krampen und Schaufel mit dem Pulsometer allein Brunnen abgesenkt.

Wenn die Tätigkeit des Pulsometers plötzlich aufhört, muß man die Deckel bei den Ventilen c in der Kammer B öffnen, um zu dem Spritzloch h zu kommen, welches wahrscheinlich verstopft ist. Nach Reinigung des Spritzloches, Verschraubung des Deckels und Füllung des Pulsometers wird derselbe anstandslos weiterfunktionieren. Um die Möglichkeit der Verunreinigung einzuschränken, umgibt der Brunnenbauer den Saugkopf mit einer Siebvorrichtung, die sonst für Reinwasser nicht vorgesehen ist. In Tabelle 2 findet man die verschiedenen Nummern für das Pulsometer, sowie deren Leistungsfähigkeit bei verschiedenen Tiefen, die äußeren Dimensionen (s. Abb. 22), sowie die inneren Rohrdurchmesser für die Saug- und Druckleitung, das Gewicht in Kilogramm, schließlich auch die Heizfläche, die notwendig ist, um ein Pulsometer in Tätigkeit setzen zu können.

Scheibenzug (Materialaufzug s. Abb. 23), deshalb so genannt, weil auf den Walzenenden zwei große Scheiben angebracht sind. Der Scheibenzug wird bei Brunnen von 1,10 m Durchmesser bis

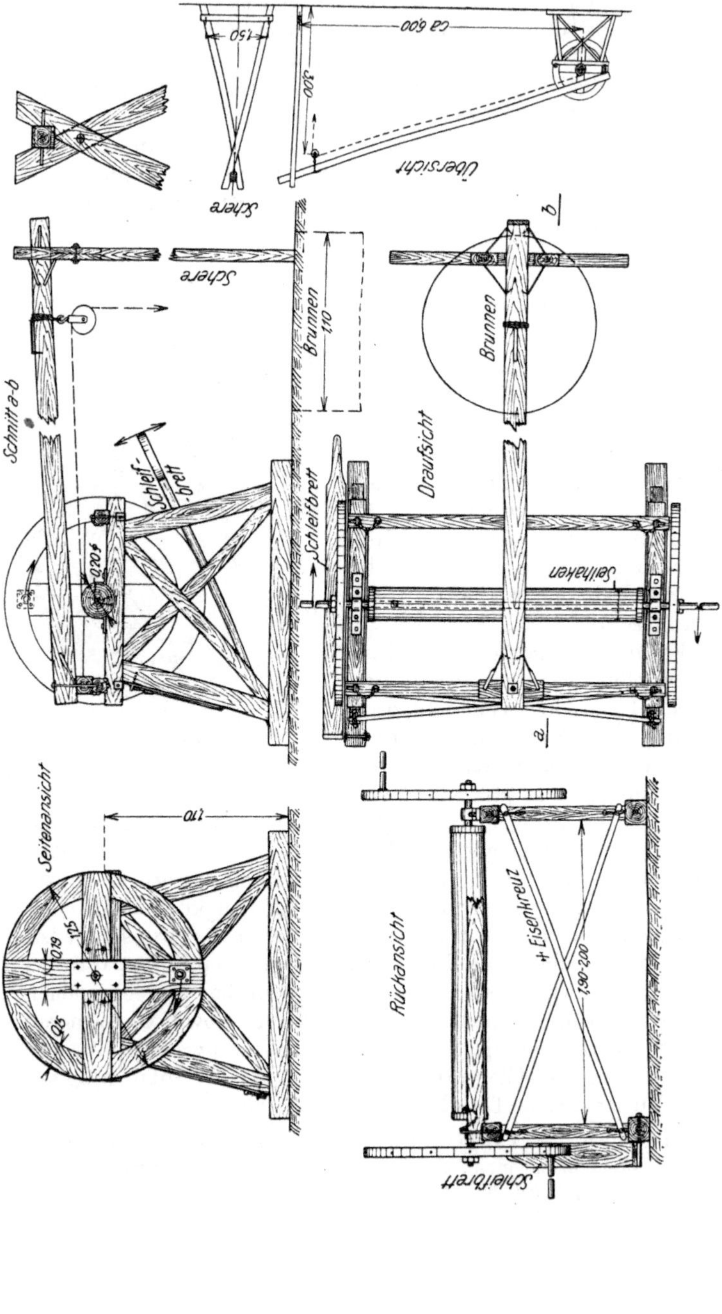
Übersicht
ca 600
1,50
3,00
Schere
Schere
Schnitt a-b
Brunnen
1,10
Schleif-brett
0,20 ⌀
Schleifbrett
Draufsicht
Brunnen
Seilhaken
a
b
Seitenansicht
1,10
1,25
0,19
0,15
Rückansicht
+ Eisenkreuz
1,90-2,00
Schleifbrett

Abb. 23

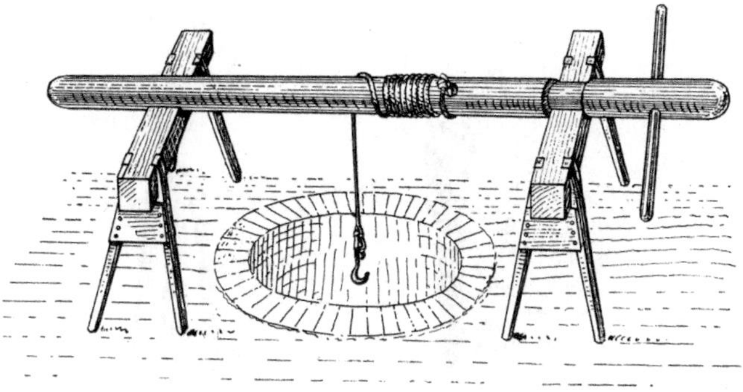

Abb. 24

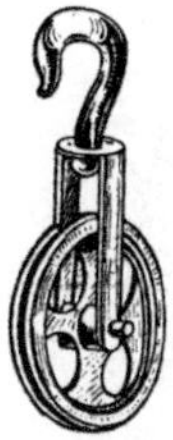

Abb. 25

Abb. 26

Abb. 29

Abb. 27

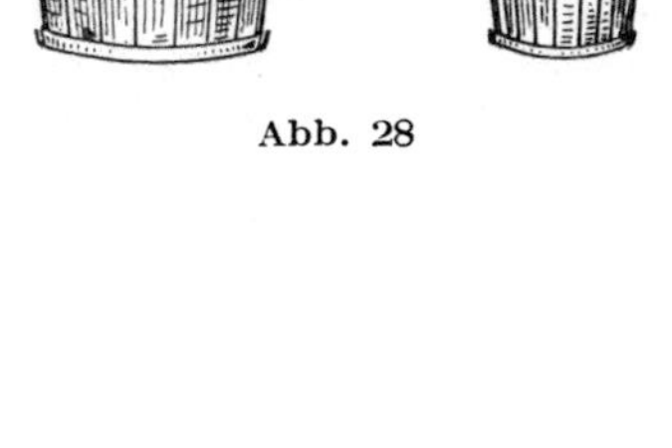

Abb. 28

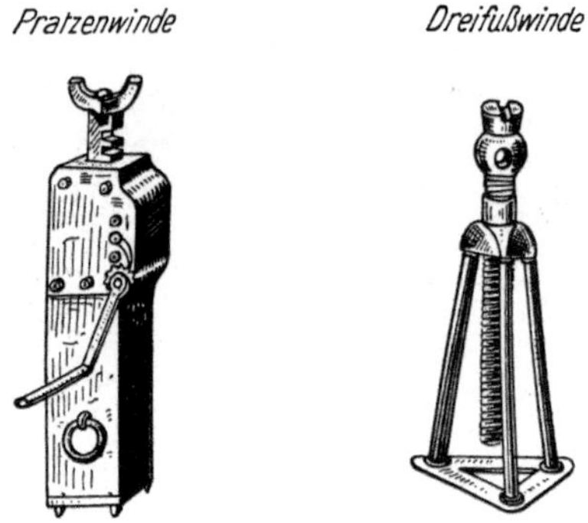

Abb. 30

Abb. 31

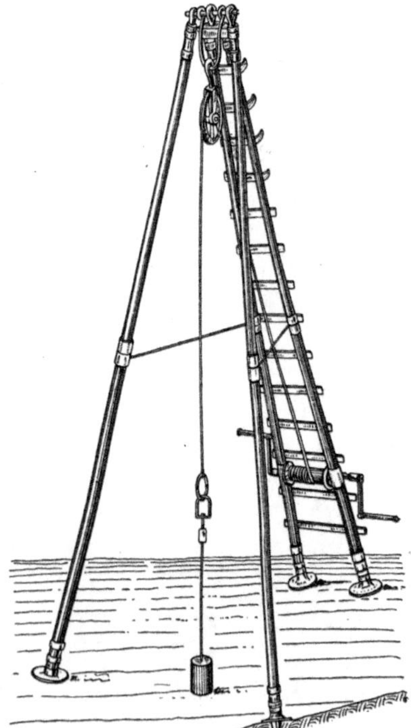

Abb. 32

zu einer Tiefe von 8 bis 10 m über den Brunnen gestellt. Bei größeren Tiefen muß, wenn kein Drahtseil verwendet wird, der Scheibenzug seitlich vom Brunnen aufgestellt werden, um das Schaff zentral in den Brunnen hinablassen zu können, wobei die Pendelwirkung durch die Leitrolle gemildert wird.

Der Walzenzug Abb. 24 dient zur Beförderung schwerer Lasten aus den Brunnen. Die Hauptverwendung findet er beim Ausziehen der Holzbrunnenrohre.

Abb. 25. Klobenrad als Seilführung.

Abb. 26. Kranich, Kran, Winde für sehr schwere Lasten.

Abb. 27. Richtig eingebundener Seilhaken.

Abb. 28. Zugschaff, wie es für den Brunnenbau zum Aufziehen von Material, bzw. Hinunterlassen von Ziegeln und Mörtel verwendet wird. Der Bügel ist durch zwei Seitenflacheisen durchgezogen, die zwischen Reifen und Holz hindurchgehen und um den untersten Reifen aufgebogen sind. Diese Zugeisen sind bei jedem Reifen mit einer Schraube oder Niete befestigt, so daß das Schaff durch das Eintrocknen nicht auseinanderfallen kann. Auf dem Boden des Zugschaffes ist außerdem noch ein Holzkreuz, mit Flacheisen beschlagen, die gleichfalls um den untersten Reifen aufgebogen sind, vorgesehen.

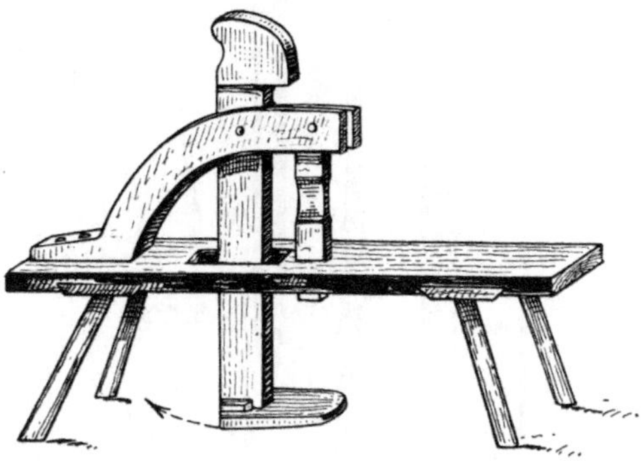

Abb. 33

Abb. 29. Flaschenzug zum Heben und Senken des Pulsometers samt Steigleitung.

Pratzen- und Dreifußwinde, Abb. 30, zum Pressen und Ziehen von Büchsendauben und zum Ziehen von Bohrrohren, Schutzrohren oder Schlagrohren.

Abb. 31. Pilotierapparat zum Eintreiben von Piloten oder Büchsendauben.

Abb. 32. Eiserner Visitierbohrturm für Sondierbohrungen.

Abb. 33. Einfache Zwickelschneidebank (Hanselbank).

Tafel I

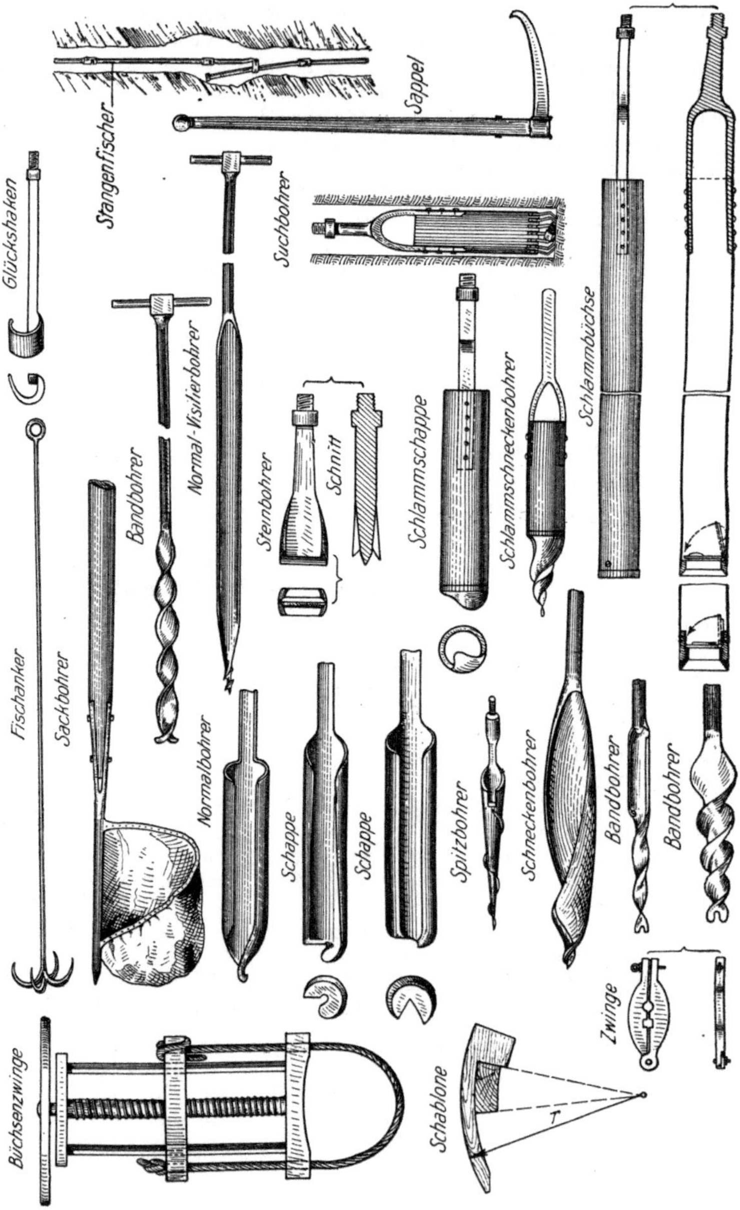
Büchsenzwinge
Fischanker
Glückshaken
Stangenfischer
Sackbohrer
Bandbohrer
Normal-Visierbohrer
Suchbohrer
Sappel
Normalbohrer
Steinbohrer
Schnitt
Schappe
Schappe
Schlammschappe
Schablone
r
Spitzbohrer
Schlammschneckenbohrer
Schneckenbohrer
Schlammbüchse
Zwinge
Bandbohrer
Bandbohrer

Tafel I

Büchsenzwinge zum Einziehen der Büchse.

Schablone, je nach Durchmesser verschieden, wird beim Aushobeln der Büchsendauben benötigt.

Zwinge zum Festhalten des Bohrgestänges bei Bohrungen.

Glückshaken zum Fischen von abgerissenem Bohrzeug ebenso wie der Stangenfischer.

Fischanker: Bei Brunnen, die einen hohen Wasserstand haben, dient dieses Instrument dazu, eventuell ins Wasser gefallene Gegenstände, auch verunglückte Menschen, die ertrunken sind, herauszufischen.

Sackbohrer zum Räumen von Schotter und Sand.

Bandbohrer sowie der normale Visitierbohrer dienen dazu, um in bestehenden Brunnen Untersuchungen der Bodengattung vornehmen zu können.

Normalbohrer, Schappe, Spitzbohrer, Schneckenbohrer, Bandbohrer, Steinbohrer, Schlammschappe, Schlammschneckenbohrer, Suchbohrer, Schlammbüchse sind Werkzeuge, die nur bei Tiefbohrungen, je nach dem zu durchfahrenden Gebirge, Anwendung finden.

Sappel gehört zur Holzrohrab- und -aufladung beim Transport oder zum Ausziehen jener Rohre aus aufgeschichteten Rohrhaufen, welche gebraucht werden.

Tafel II

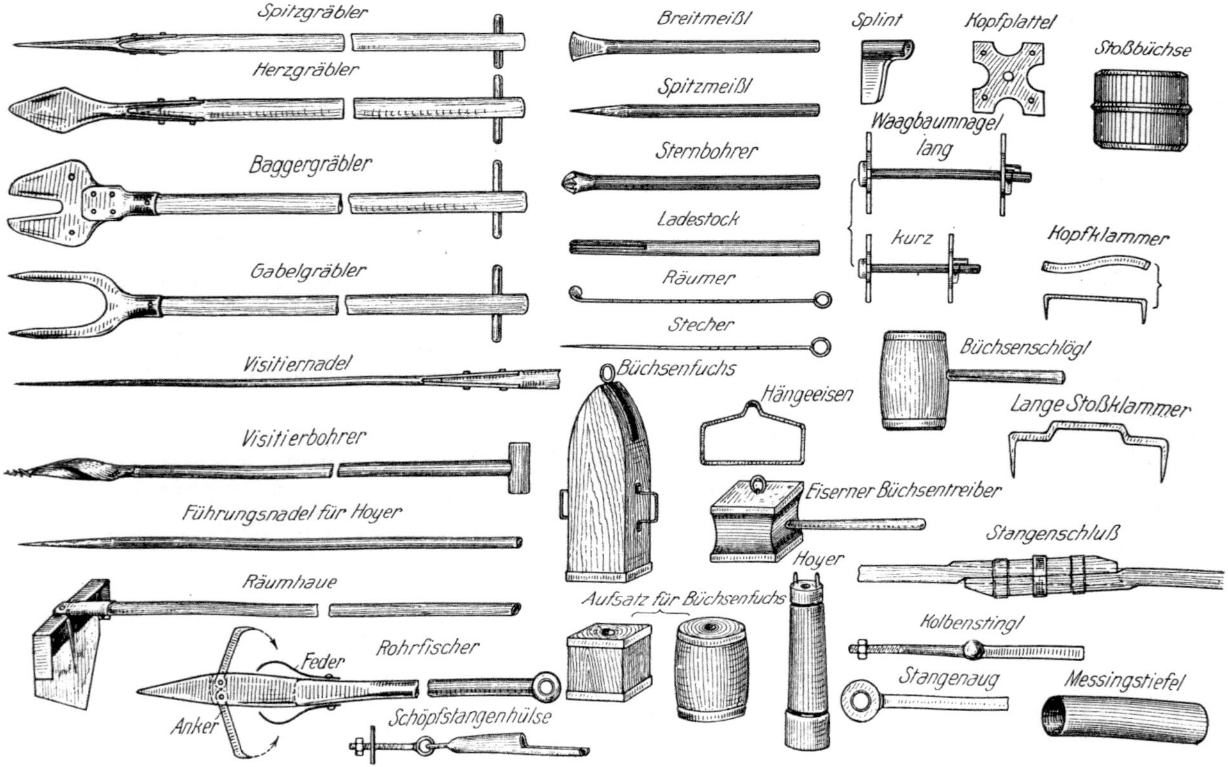
Spitzgräbler
Herzgräbler
Baggergräbler
Gabelgräbler
Visitiernadel
Visitierbohrer
Führungsnadel für Hoyer
Räumhaue
Feder
Anker
Rohrfischer
Schöpfstangenhülse
Breitmeißl
Spitzmeißl
Sternbohrer
Ladestock
Räumer
Stecher
Büchsenfuchs
Hängeeisen
Eiserner Büchsentreiber
Hoyer
Aufsatz für Büchsenfuchs
Splint
Kopfplattel
Stoßbüchse
Waagbaumnagel
lang
kurz
Kopfklammer
Büchsenschlögl
Lange Stoßklammer
Stangenschluß
Kolbenstingl
Stangenaug
Messingstiefel

Tafel II

Spitzgräbler, Herzgräbler, Baggergräbler, Gabelgräbler dienen dazu, beim Einarbeiten einer Brunnenbüchse oder beim Versenken eines Brunnens das Material an der Sohle des Brunnens zum leichteren Ausbaggern oder Räumen zu lockern.

Mit der Visitiernadel lernt man bei Büchsenarbeiten bzw. jeder Wasserarbeit die Härte und Dichtheit des zu bearbeitenden Materials kennen.

Visitierbohrer hat denselben Zweck wie die Visitiernadel, jedoch hauptsächlich für Tegelarbeit.

Räumhaue stellt eine Art kleinen Bagger dar, mittels welcher das Material von der Sohle des Brunnens an die Oberfläche des Wassers geräumt wird.

Führungsnadel für Hoyer, Hoyer, Aufsatz für Büchsenfuchs, eiserner Büchsentreiber, Büchsenfuchs sind Werkzeuge zum Eintreiben der Büchsendauben.

Hängeeisen werden an langen Ketten (je nach dem Durchmesser drei oder vier Stück) auf eine gewisse Tiefe eingehängt, in den Aufnahmsrahmen Pfosten eingeschoben und eine Art Hängegerüst für Reparaturen im Brunnen hergestellt.

Brechmeisel, Spitzmeisel, Sternbohrer, Ladestock, Räumer und Stecher sind das Schußzeug, mittels welchem in dem zu bearbeitenden Steinmaterial Schießlöcher eingearbeitet werden.

Büchsenschlögel aus Buchenholz zum Eintreiben der Stoßbüchse über Hirn in die Brunnenrohre.

Stoßbüchse zur Verbindung der Holzbrunnenrohre.

Rohrfischer: Wenn bei einem hohen Wasserstand von 10 bis 20 m die Rohre aus dem Brunnen gezogen werden sollen, wird der Rohrfischer in die Rohre (Bohrung) hinuntergelassen.

Splint, Kopfplattel, Wagbaumnagel lang und kurz, Kopfklammer, lange Stoßklammer, Stangenschluß, Kolbenstingel, Stangenauge und Messingstiefel: Bestandteile der Holzpumpe.

Tafel III

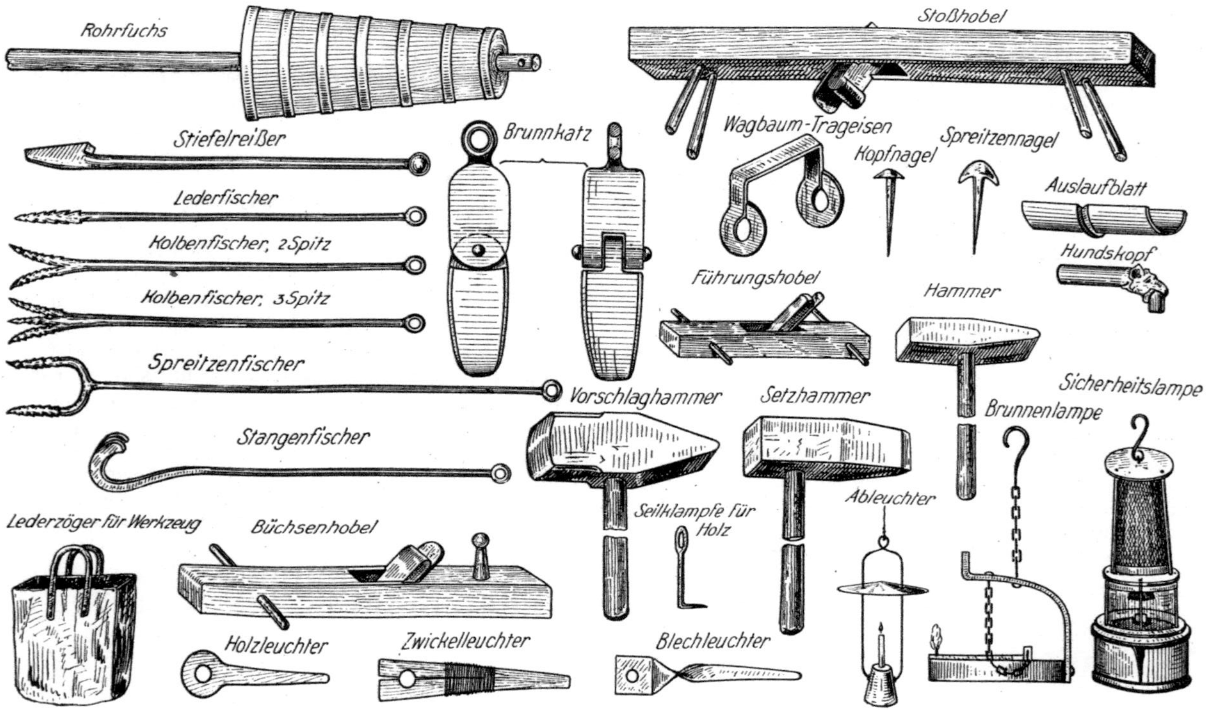
Rohrfuchs
Stoßhobel
Stiefelreißer
Brunnkatz
Wagbaum-Trageisen
Kopfnagel
Spreitzennagel
Auslaufblatt
Lederfischer
Kolbenfischer, 2Spitz
Hundskopf
Kolbenfischer, 3Spitz
Führungshobel
Hammer
Spreitzenfischer
Vorschlaghammer
Setzhammer
Sicherheitslampe
Brunnenlampe
Stangenfischer
Ableuchter
Seilklampfe für Holz
Lederzöger für Werkzeug
Büchsenhobel
Holzleuchter
Zwickelleuchter
Blechleuchter

Tafel III

Rohrfuchs hat den Zweck, durch sein Gewicht zwei komplette mit der Stoßbüchse versehene Brunnenrohre zusammengeschlagen. Der lange Führungsbaum wird bei eingesetzten Rohren im Brunnen in die Bohrung eingebracht und die Zusammenschlagarbeit senkrecht vollführt.

Stiefelreißer dient dazu, den Arbeitszylinder (Messingstiefel, s. Taf. II) bei Reparaturen aus dem Rohr herauszubringen.

Lederfischer dient dazu, bei einer Holzpumpe das in das Rohr eingefallene Leder herauszubekommen.

Kolbenfischer mit Zwei- und Dreispitz dient dazu, den Holzkolben, welcher eventuell durch das Lockern der Schraube auf dem Ventil aufliegt, sowie die Schraube selbst herauszufischen.

Spreitzenfischer hat die Aufgabe, die im Wasser untergegangenen Spreitzen herauszubekommen.

Stangenfischer dient dazu, bei einer Pumpe, deren Stangen auf irgendeiner Strecke gerissen sind, herauszuziehen, ohne die Pumpe aus dem Brunnen nehmen zu müssen.

Lederzöger für Werkzeuge hat den Zweck, Werkzeuge in den Brunnen in jene Höhe, wo Pumpenreparaturen vorgenommen werden sollen, den im Brunnen Beschäftigten bis in Handhöhe zubringen zu können.

Holzleuchter, Zwickelleuchter und Blechleuchter werden in die Ziegelfurchen eingesteckt, um den Brunnen beleuchten zu können, so auch der Ableuchter, der durch seinen Blendschirm ermöglicht, den Brunnen von oben aus auf seinen Bauzustand zu untersuchen.

Brunnenlampe zum Beleuchten von Brunnen bei der Arbeit.

Sicherheitslampe ist zum Ableuchten bei Explosivgasen nötig. An der Flamme erkennt man, welche Gase sich im Brunnen befinden.

Brunnenkatze hat den Zweck, einerseits steckengebliebenes Leder oder Kolben in Bewegung setzen zu können, anderseits eingefrorene Doggenröhren durch Glühendmachen zum Auftauen zu bringen.

Büchsenhobel, Stoßhobel und Führungshobel zur Herstellung von Holzbrunnenbüchsen.

Vorschlaghammer, Setzhammer und Hammer zum Auftreiben der Reifen bei Holzversenkkränzen und Großbrunnenbüchsen.

Seilklammer dient dazu, um bei Herausbeförderung von Holzröhren aus den Brunnen vorzuschlagen.

Wagbaumtrageisen als Lager für den kurzen Wagbaumnagel (s. Taf. II).

Kopfnagel hat die Aufgabe, das Kopfplattel (s. Taf. II), das als Lager für den langen Wagbaumnagel dient, zu befestigen.

Spreitzennagel dient dazu, um die Verspreitzungen der Holzpumpe an den Holzrohren zu befestigen.

Auslaufblatt und Hundskopf sind beim Holzauslaufrohr erforderlich.

Tafel IV

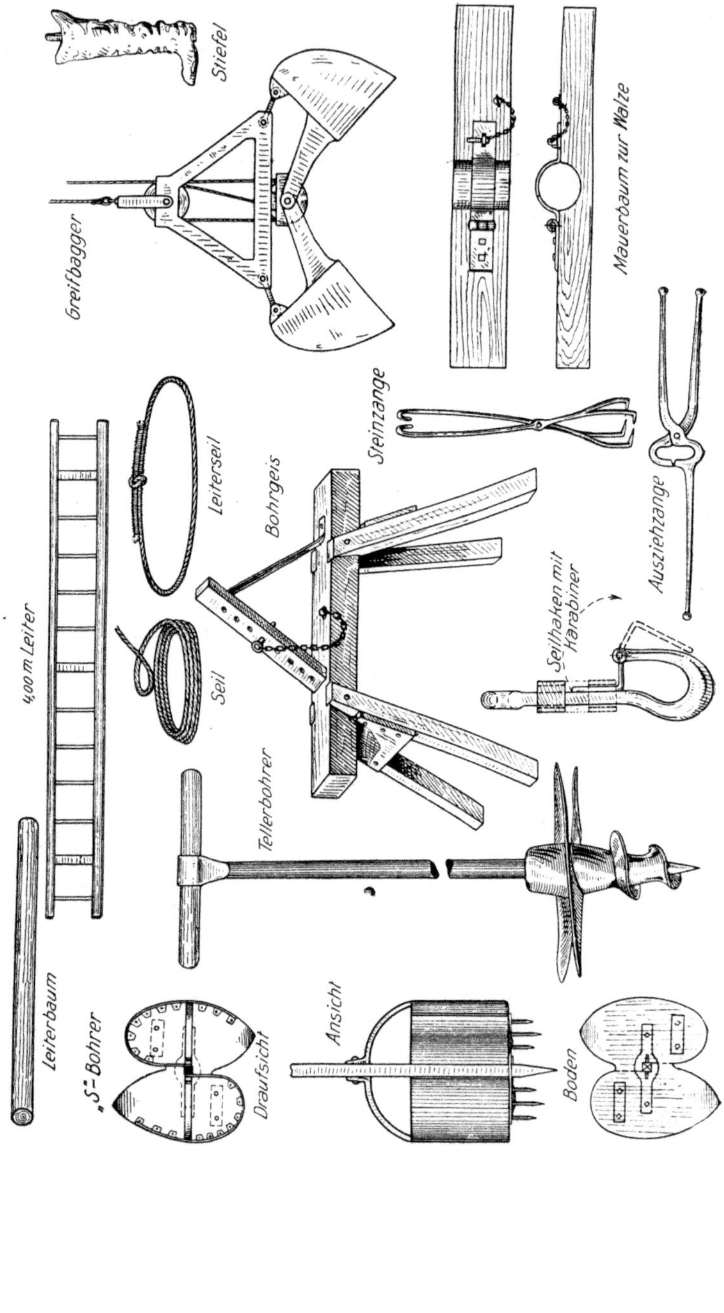
Stiefel
Greifbagger
Mauerbaum zur Walze
4,00 m Leiter
Leiterseil
Bohrgeis
Steinzange
Seil
Tellerbohrer
Seilhaken mit Karabiner
Ausziehzange
Leiterbaum
„S"-Bohrer
Draufsicht
Ansicht
Boden

Tafel IV

Leiterbaum dient zum Aufhängen und Befestigen der Leitern im Brunnen, und zwar wird das Leiterseil darüber gehängt und durch Einziehen und Überschlagen an der 4 m hohen Leiter befestigt.

4 m hohe Brunnenleiter hat drei Flachsprossen. Die beiden Endsprossen dienen zur Sicherung der Verbindung der Leitern untereinander. Die Enden der Leitern werden durch Stränge verbunden. Die Endsprossen der Leitern haben nur den halben Tritt, so daß bei einem Längsstoß der Leitern ein voller Tritt wieder hergestellt ist.

Seil muß eine sogenannte Seele haben, damit es beim Hinablassen des Zugschaffes keine Rotationsbewegungen machen kann.

S-Bohrer dient zum Räumen im Schottergrund bei Wasserständen über 8 und 9 m.

Tellerbohrer dient so wie die Gräbler zum Auflockern dichter, fetter Materialien auf der Sohle des Brunnens.

Seilhaken mit Karabiner finden Verwendung bei tiefen Brunnen, wo das Seil zentral über dem Scherbaum (s. Abb. 23) in den Brunnen hinabgelassen wird, damit sich das Schaff beim Anstoß an die Wände nicht aushängen kann.

Steinzange ist zur Herausbeförderung von großen Steinen unter Wasser nötig.

Ausziehzange dient beim Herausziehen der Schöpfstangen aus der Holz- oder Eisenpumpe zum Festhalten beim Öffnen des Schlusses (s. Taf. II).

Bohrgeis dient dazu, um das auf Böcke aufgelegte Brunnenrohr zentral mit dem Holzbohrer durchbohren zu können.

Mauerbaum zur Walze. Muß bei Brunnen, die in einer Nische untergebracht sind, die Holzpumpe ausgezogen werden, ohne daß ein Walzenbock aufgestellt werden kann, so wird die Walze in dem schiefangelehnten Mauerbaum untergebracht.

Stiefel für Wasserarbeiten.

Greifbagger, s. S. 24, ist, wie der Handbagger, zum Herausholen der Materialien in Brunnen unter Wasser bestimmt.

Tafel V

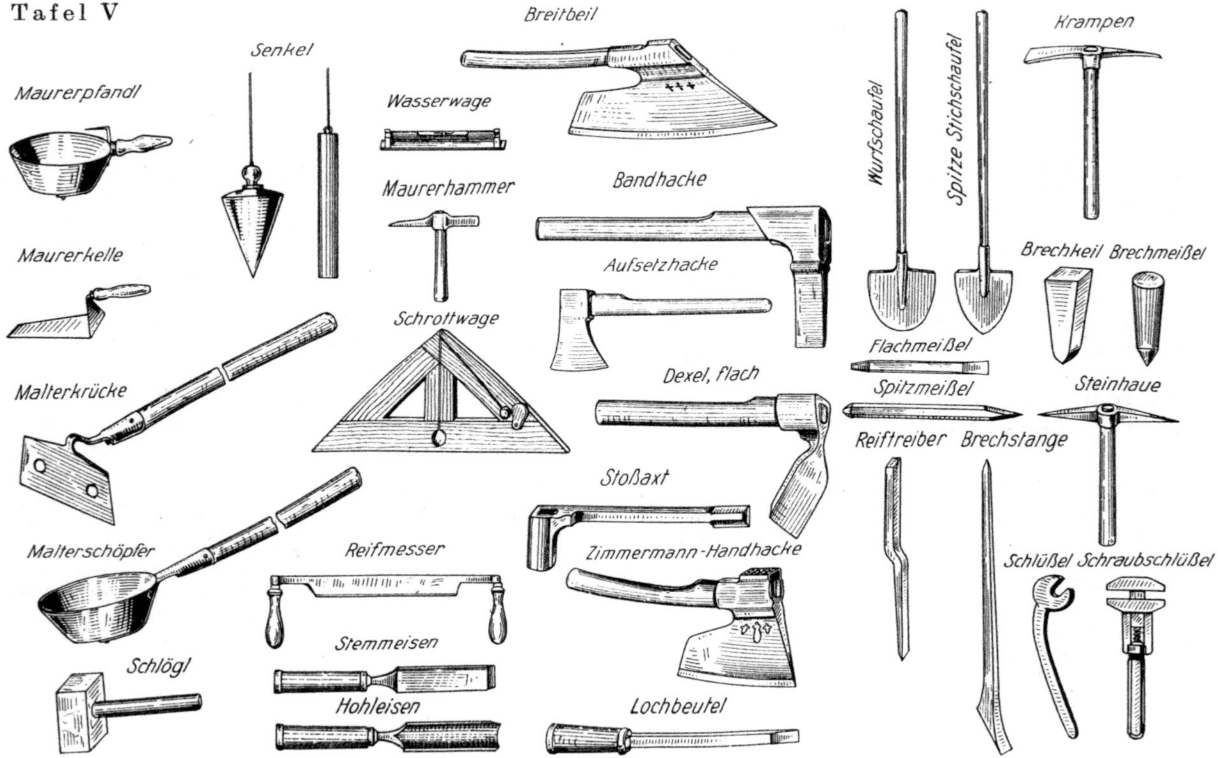

Tafel V

Die verschiedenen Handwerkzeuge für die Grabung, Mauerung, Pumpen-, Stein- und Holzarbeit.

Tafel VI

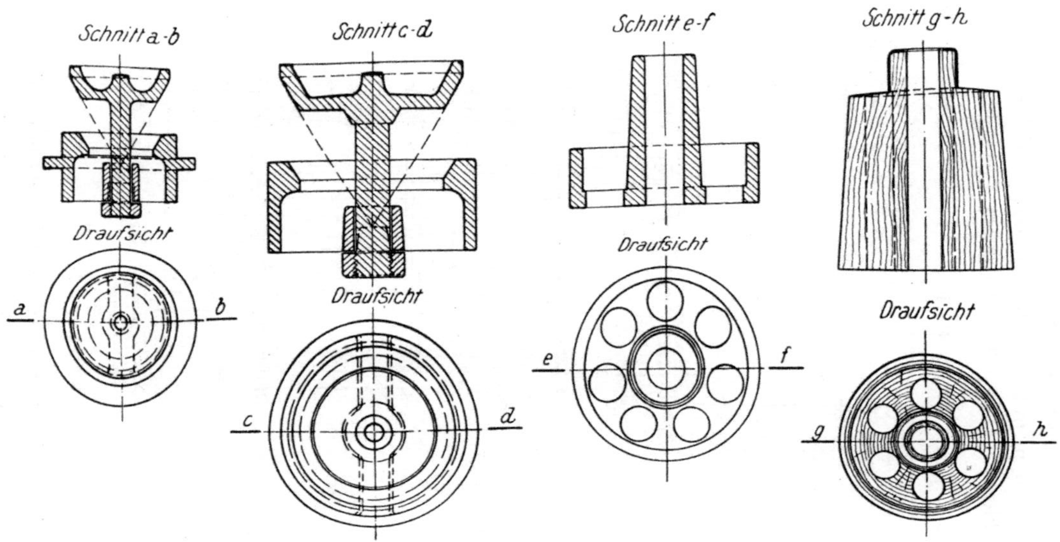

Tafel VI

Schnitt a—b Flanschenventil aus Messing für eiserne Pumpen.

Schnitt c—d Messingventil für Holzpumpen zum Einzwicken in die Holzrohre.

Schnitt e—f Messingkolben für eiserne Pumpen.

Schnitt g—h Holzkolben für die Holzbrunnenpumpe.

3. Vertiefen von Brunnen

Bohrungen[1]

finden ihre Anwendung in großen tiefen Becken, wo sich entweder kein oder nur schlechtes oberes Grundwasser vorfindet. Durch

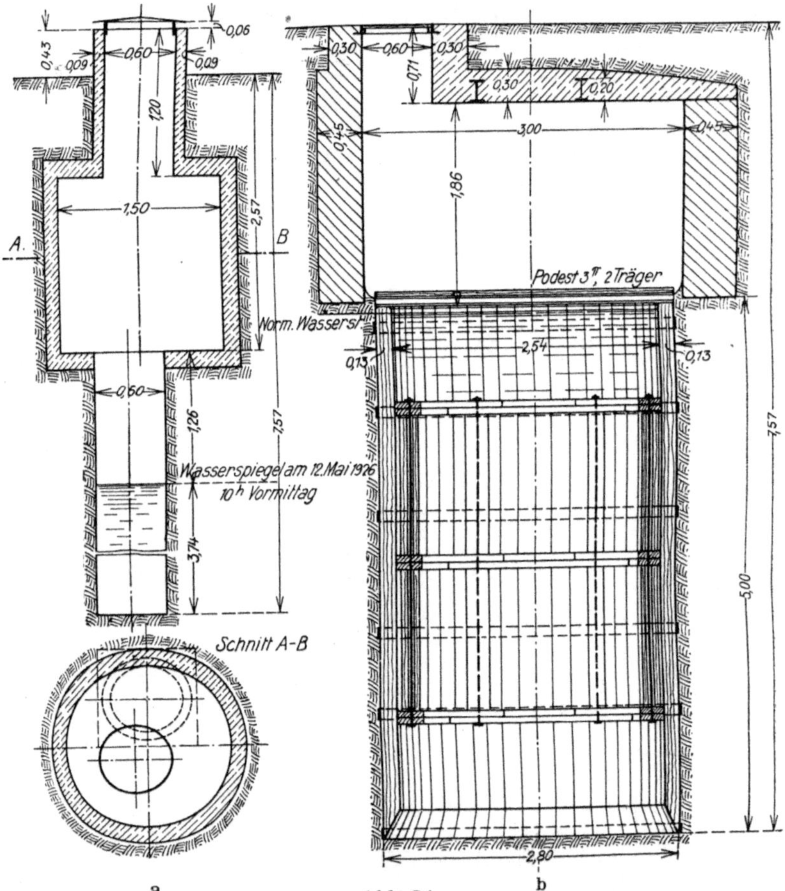

Abb. 34

die Bohrung sucht man artesisches Wasser (Wasser mit Auftrieb) anzubohren, das im Brunnen bis zu einer gewissen Höhe auf-

[1] Wegen des innigen Zusammenhanges der Bohrungen mit den Arbeiten der Vertiefung von Brunnen mußte ein Teil der Vertiefungsarbeiten, die ausführlich auf Seite 46 bis 52 und 65 behandelt sind, bereits hier erörtert werden.

steigt. Je höher dieser Wasserstand im Brunnen erzeugt werden kann, um so mehr hat das Wasser Zeit, sich vollständig zu reinigen, denn meistens werden bei der Schöpfung durch die Energie

Abb. 35

des Auftriebes aus den kleinen Bohrlöchern Sand und feine Tegelteilchen mitgerissen.

Man hat z. B. einen 20 m tiefen Brunnen fertiggestellt, weiß aber aus Versuchen, daß auf 50 m Tiefe ein gutes Wasser gefunden werden kann, das bis zu 15 m unter das Niveau Auftrieb hat, so kann man annehmen, daß bei Ruhe in dem gegrabenen

Brunnen 5 m Wasser aufgestapelt werden können. Zur Beruhigung des Wassers, bzw. leichteren Setzung, bedeckt man die Sohle des Brunnens mit gewaschenem Schotter. Je größer der Auftrieb ist, um so stärker muß die Schotterschicht sein.

Häufig wird der Brunnen flaschenförmig mit ein oder mehr Absätzen hergestellt, wodurch Ersparnisse erzielt werden. Die Arbeit muß jedoch mit besonderer Vorsicht — und darf nur von gewissenhaften und geschulten Brunnenmeistern mit reicher Praxis durchgeführt werden.

Das Beispiel der Abb. 34 a bringt einen Bohrbrunnen, der eine Vorkammer von 2,57 m Tiefe mit Überbau und Abdeckung hatte. Von der Tiefe von 2,57 m (dem normalen Grundwasserspiegel) reichte das Bohrrohr bis zu einer Tiefe von 7,57 m. Da der Brunnen eine große Wassermenge liefern mußte, rief das Abschöpfen jedesmal eine so starke Senkung des Wasserspiegels hervor, daß Sand und Tegelteilchen mitgerissen wurden, die das Wasser sehr stark trübten. Daher ergab auch die Analyse ein schlechtes Trinkwasser. Um diesem Übelstand abzuhelfen, baute man einen neuen Brunnen (s. Abb. 34 b) bis zum Grundwasserspiegel in 3 m Lichte und 45 cm Mauerstärke. Derselbe bekam eine 5 m hohe und 13 cm starke Brunnenbüchse mit inneren Spannreifen (s. Abb. 35). Bei der gleichen Abschöpfung wie beim Bohrloch kam durch den großen Wasservorrat Ruhe in Grund und Boden. Das Wasser wurde klar zutage gefördert. Der Brunnen wurde auf seiner Sohle mit Schotter belegt, die Büchse bekam einen Podest in 3 Zoll Stärke auf zwei Trägern, um Verunreinigungen mechanischer Natur abzuhalten. Die große Sauerstofffläche und Ruhe im Wasser ergab eine gute Analyse. Der fertiggestellte Brunnen wurde durch eine Betondecke von 30 cm mit Trägern und Einsteigloch aus 60 × 60 cm gußeisernen Deckel abgedeckt. Um jedes Eindringen des Wassers abzuhalten, wurde in den Falz des gußeisernen Deckels sowie in die Bügelöffnung Glaserkitt gegeben.

Die Sondierbohrungen

dienen dazu, sich ein Bild über die Zusammensetzung des Bodens zu machen, in dem ein Brunnen abgeteuft werden soll. Sie werden wie eine gewöhnliche Tiefbohrung mittels eines Bohrturmes durchgeführt. Um ein Einfallen des Bohrloches zu verhindern, verwendet man Schutzrohre; jede neue Verrohrung heißt „neue Tour“. Die Sondierbohrungen müssen sorgfältig ausgeführt werden, um einen der Wirklichkeit nahekommenden Schluß über die verschiedenen Schichtungen zu ermöglichen. Abb. 36 zeigt rechtsseitig die Ergebnisse der Sondierbohrung und das auf dieser Grundlage entworfene Projekt, während sich beim Bau des Brunnens, wo man sichtig arbeitete, das linksstehende Bild ergab. Die Folge war, daß der mit 9 m Tiefe projektierte Brunnen schon mit einer Tiefe von 7,50 m seinen Zweck erfüllte. Die Ursache ist erklärlich. Beim Abteufen des Bohrloches ist der grobe sowie der leichte Schotter immer wieder in den Tegel eingerutscht und mitgegangen. Beim Herausziehen des Gestänges sah

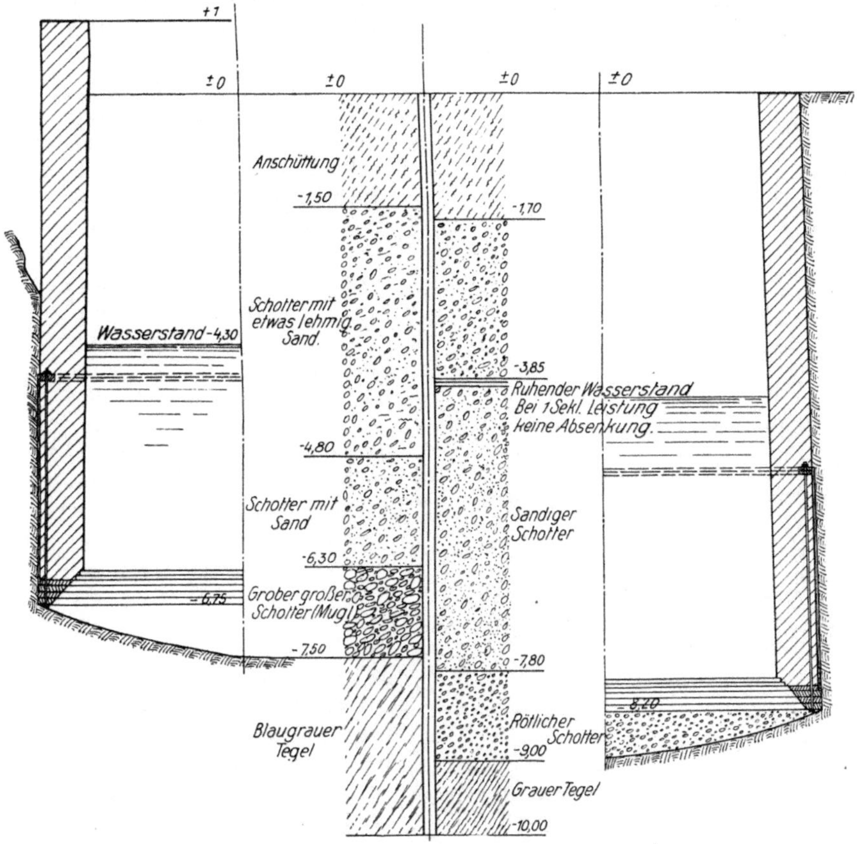

Abb. 36

der Bohrmeister auf der Scharpe den Schotter, so daß er auf eine Schotterschicht schloß. Die Abweichungen sind je nach der Tiefe verschieden. Man ersieht aus der Gegenüberstellung, daß der Schotter beim Bohren in einer Tiefe von 1,70 m, bei der sichtigen Arbeit jedoch bereits in einer Tiefe von 1,50 m angefahren wurde. Bei 3,85 m ist eine Raude angegeben, die in Wirklichkeit nicht existierte, während bei 4,80 m der Schotter beim Sichtigarbeiten

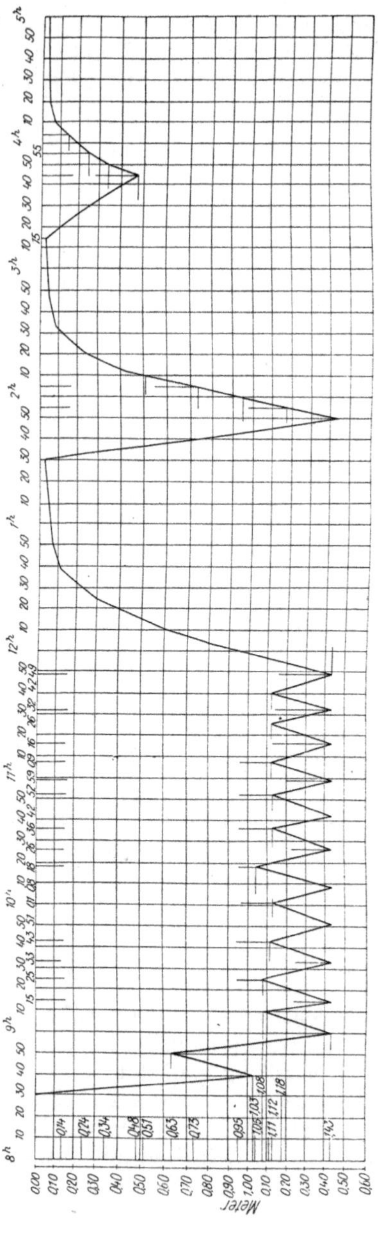

Abb. 37

plötzlich wechselt; bis zu einer Tiefe von 6,30 m hatte er sehr viel Sand, hierauf folgte starker Schotter mit kindskopfgroßen Steinen, schließlich kam in 7,50 m Tiefe Tegel.

Der Sondierbohrung gegenüber ergibt sich somit in der Tat ein großer Unterschied. Die Sonde zeigte beim Bohren bei 7,80 m Schotter und Tegel, da der Schotter bis auf eine Tiefe von 9 m mitgenommen wurde usw.

Es ist daher zu empfehlen, bei Sondierbohrungen mit dem Bohrer nie tiefer als 20 bis 30 cm aus den Schutzrohren heraus vorzubohren. Wenn ein Bohrloch in dieser Weise abgeteuft, die Rohre immer gut nachgesetzt werden, wird man ein genaueres Bild bekommen. Zu beachten ist auch, daß größere Unterbrechungen in der Bohrung zu vermeiden sind. Abb. 37 zeigt ersten Abschöpfversuch mit Pulsometer, 2800 Minutenliterleistung. Abschöpfung 1,43 m = Gleichgewichtslage.

Abb. 38 zeigt nach den Ergebnissen einer Sondierbohrung die verschiedenen Schichtenlagerungen und (in 10,50 m Tiefe) das Grundwasser, welches auf der Konglomeratschicht (Ortstein Raude) aufstanden und schlecht war. Daher mußte der Brunnen im blauen Tegel eine

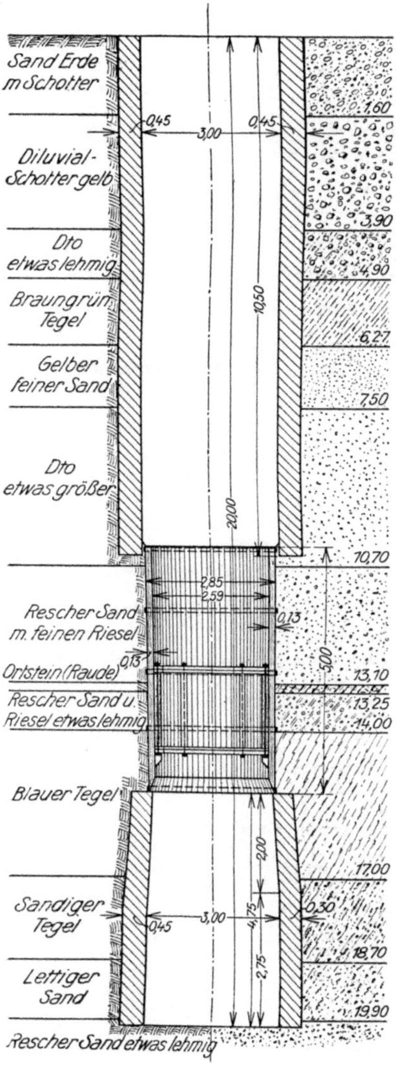

Abb. 38

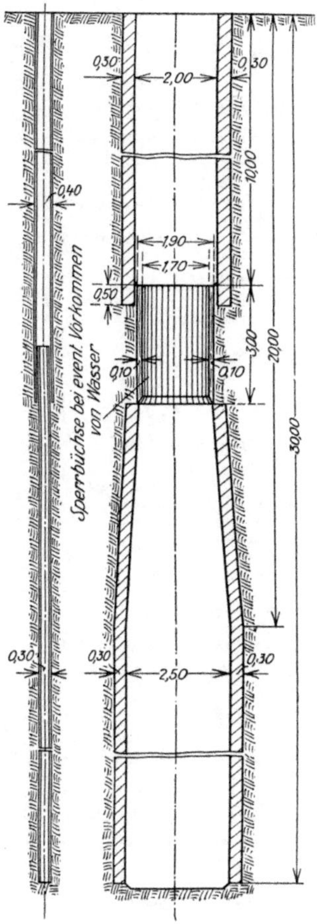

Abb. 39

große Sperrbüchse mit Spannreifen erhalten. Das Wasser wurde tatsächlich vollkommen abgesperrt. Die Büchse war **13 cm** stark. Unter der Büchse wurde durch Unterfangen ein Reservoir geschaffen; auf 19,90 m wurde ein zweites Wasser vorgefunden,

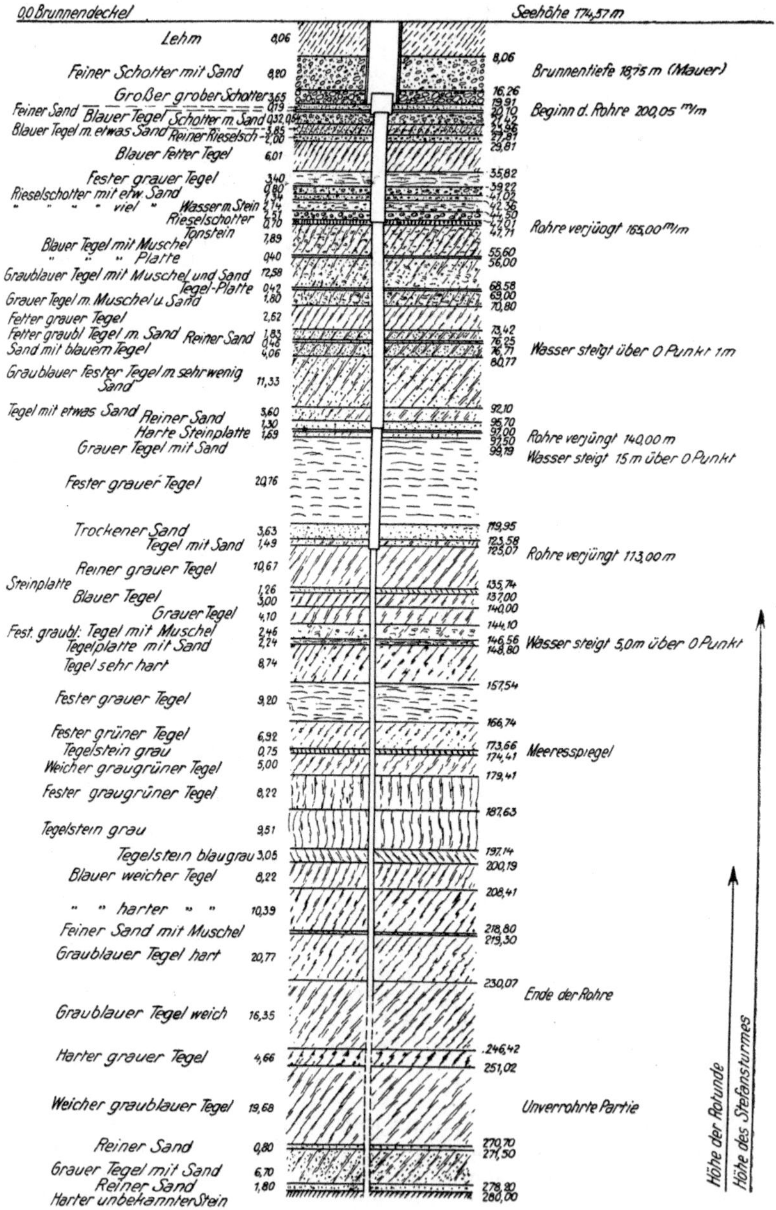

0,0 Brunnendeckel
Seehöhe 174,57 m
Lehm 8,06
8,06
Feiner Schotter mit Sand 8,20
Brunnentiefe 18,75 m (Mauer)
Großer grober Schotter 3,65
16,26
Feiner Sand
Blauer Tegel
Schotter m. Sand
19,91
20,10
Beginn d. Rohre 200,05 m/m
Blauer Tegel m. etwas Sand
Reiner Rieselsch.
27,81
29,81
Blauer fetter Tegel 6,01
Fester grauer Tegel 3,40
35,82
39,22
Rieselschotter mit etw. Sand
" " " viel "
Wasser m. Stein
Rieselschotter
Tonstein
47,71
Rohre verjüngt 165,00 m/m
Blauer Tegel mit Muschel 7,89
" " " Platte 0,40
55,60
56,00
Graublauer Tegel mit Muschel und Sand 12,58
Tegel-Platte 0,42
68,58
69,00
Grauer Tegel m. Muschel u. Sand 1,80
70,80
Fetter grauer Tegel 2,62
73,42
Fetter graubl. Tegel m. Sand
Reiner Sand
Sand mit blauem Tegel 4,06
76,71
80,77
Wasser steigt über 0 Punkt 1 m
Graublauer fester Tegel m. sehr wenig Sand 11,33
Tegel mit etwas Sand 3,60
Reiner Sand 1,30
Harte Steinplatte 1,69
92,10
95,70
99,19
Rohre verjüngt 140,00 m
Grauer Tegel mit Sand
Wasser steigt 1,5 m über 0 Punkt
Fester grauer Tegel 20,76
Trockener Sand 3,63
Tegel mit Sand 1,49
119,95
123,58
125,07
Rohre verjüngt 113,00 m
Reiner grauer Tegel 10,67
Steinplatte 1,26
Blauer Tegel 3,00
Grauer Tegel 4,10
135,74
137,00
140,00
144,10
Fest. graubl. Tegel mit Muschel 2,46
Tegelplatte mit Sand 2,24
146,56
148,80
Wasser steigt 5,0 m über 0 Punkt
Tegel sehr hart 8,74
157,54
Fester grauer Tegel 9,20
166,74
Fester grüner Tegel 6,92
Tegelstein grau 0,75
Weicher graugrüner Tegel 5,00
173,66
174,41
179,41
Meeresspiegel
Fester graugrüner Tegel 8,22
187,63
Tegelstein grau 9,51
Tegelstein blaugrau 3,05
197,14
Blauer weicher Tegel 8,22
200,19
208,41
" " harter " " 10,39
Feiner Sand mit Muschel
218,80
219,30
Graublauer Tegel hart 20,77
230,07
Ende der Rohre
Graublauer Tegel weich 16,35
246,42
Harter grauer Tegel 4,66
251,02
Weicher graublauer Tegel 19,68
Unverrohrte Partie
Reiner Sand 0,80
270,70
271,50
Grauer Tegel mit Sand 6,70
Reiner Sand 1,80
278,20
280,00
Harter unbekannter Stein
Höhe der Rotunde
Höhe des Stefansturmes

Abb. 40

das ebenfalls Auftrieb bis auf 10,70 m unter Niveau hatte. Der Brunnen wurde für eine Eisenbahnwasserstation erbaut. Das obere Wasser hatte zirka 23, das untere Wasser nur 8 deutsche Härtegrade. Der obere und der untere Wasserspiegel zeigten im Grunde die gleiche Höhe und dürften auf sehr weiten Strecken kommunizieren.

Abb. 39 bringt die Ergebnisse einer Probebohrung, durch die man die Tiefe der Wasserstände sowie die Beschaffenheit des Gebirges kennenzulernen suchte. Aus dem aufgestellten Diagramm (Graphikon) hat man beim Probeschöpfen errechnet, daß der Brunnen im untersten Teil, um genug Wasser zu haben, 2,50 m lichten Durchmesser haben müßte. Dieser untere Teil unter der Sperrbüchse ist in diesem Falle ein Tiefreservoir. Vom Niveau bis 10 m Tiefe wurde der Brunnen mit Ziegelmauerwerk in 2 m innerer

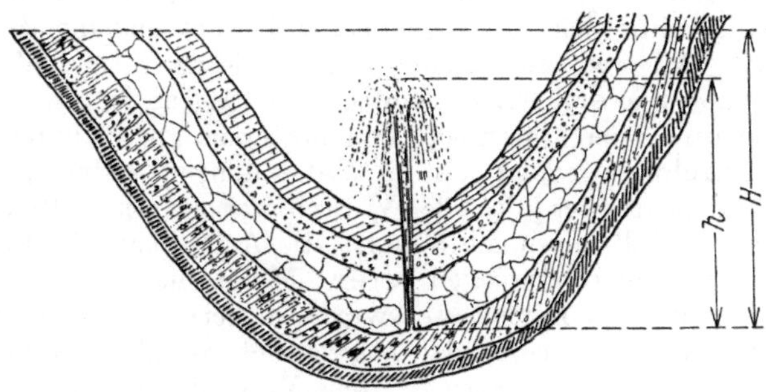

Abb. 41

Lichte mit Gurten hergestellt. Zur Abbetonierung mußte man um weitere 50 cm mit dem Mauerwerk tiefergehen. Nun wurde die Sperrbüchse mit 1,90 m äußerer Lichte und 3 m Höhe eingetrieben. Unter der Büchse wurde das Mauerwerk durch Unterfangen mit Gurten im Zementmörtel bis auf eine Tiefe von 20 m langsam erweitert, von 20 m Tiefe bis 30 m mit einem gleichmäßigen Durchmesser von 2,50 m hergestellt. Aus 30 m Tiefe stieg das gute Wasser bis mitten in die Büchse auf. Das abgesperrte Wasser war schlecht.

Abb. 40 zeigt eine Tiefbohrung (in Wien I, Schenkenstraße, im Jahre 1887) mit einer Gesamttiefe von 280 m. Rechts nebenstehend ist die Höhe der Rotunde sowie des Stephansturmes zum Vergleich eingezeichnet. Linksseitig befindet sich die Beschreibung der verschiedenen Schichtungen des Wiener Beckens in der Schenkenstraße mit Angabe ihrer Stärke; die Ziffern rechts geben die Tiefenlage der einzelnen Schichtungen an. Weiter rechts hievon gibt die Legende die verschiedenen Wässer und Arbeitsart sowie die Verrohrung an. Dieser Bohrbrunnen bzw. Bohrung wurde seinerzeit für die Wasserversorgung des Kesselhauses des Elektrizitätswerkes zur Beleuchtung der Oper und des Burgtheaters hergestellt.

Abb. 41 dient zur Erklärung des artesischen Auftriebes. H gibt den Eintritt des Wassers in die wasserführende Schichte, h das wegen der Reibungswiderstände kleiner als H sein muß, die Steighöhe des Wasserstrahles an.

4. Vorbereitungen zum Bau der Brunnen

a) Anstellung der Arbeiter

Die Grabung eines normalen Brunnens von 1,10 m Durchmesser wird mit drei Mann begonnen. Bei der Eingrabung in einer Tiefe von 1,60 m wird der Scheibenzug aufgestellt und die Mannschaft wie folgt verteilt:

Der Vorarbeiter (Polier) arbeitet allein im Brunnen, ein Mann bei den Scheiben des Aufzuges, während der dritte das Aus- und Einziehen des Zugschaffes besorgt und die Bremse bedient. Bei weiteren Tiefen kommen (je nach der Tiefe) ein bis zwei, auch drei weitere Leute zum Aufzug für die zweite Scheibe und zum Abtransport des Materials. Bei Brunnen mit einem Durchmesser von 2 m ist die Aufstellung wie vorbeschrieben, im Brunnen arbeitet jedoch der Vorarbeiter mit einem Brunnengehilfen. Bei Brunnen mit 3 m ist die Aufstellung übertag wie vorerwähnt, jedoch arbeiten vier Mann im Brunnen. Bei Brunnen mit 4 m Durchmesser wird ein Scheibenzug mehr aufgestellt, also zwei Scheibenzüge verwendet, so daß zur Bedienung übertag und zum Abtransport des Materials insgesamt zwölf Leute erforderlich sind. Bei größer dimensionierten Brunnen bleiben die zwei Scheibenzüge, nur kommt dann eine Doppelpartie in Frage. Bei Wasserarbeit (Baggerungen) in groß dimensionierten Brunnen sind vier Mann mit Gräbeln beschäftigt, während zu der Baggerbedienung acht bis zwölf Mann kommen. Bei Räumung des Brunnens mittels Räumhaue kommen bei großdimensionierten Brunnen drei bis fünf Mann zur Anstellung, die Scheibenzugbedienung bleibt wie bei der Grabarbeit. Sollte die Wasserschöpfung mit Reißpumpen oder Pulsometer erfolgen, so bleibt die Anstellung der Leute bei der Brunnengrabung gleich.

b) Bearbeiten des Bodens mit Werkzeugen unter Berücksichtigung der verschiedenen Bodengattungen

Die Bodengattungen werden nach den zur Verwendung kommenden Werkzeugen eingeteilt.

Der milde Stichboden wird nur mit der Schaufel bearbeitet. Dahin gehören Alluvialsand, Humus, Überlagsmaterial, auch Rieselschotter und Flugsand.

Der schwere Stichboden, z. B. fester Humus, leichter Lehm, schwerer Sand, auch fester Tegel oder Mergel, erfordert schon Schaufel und Krampen.

Der Hackboden tritt in zweierlei Formen auf. Zu dem milden Hackboden zählen Lehm, Letten, feinkörniger oder fester Schotter, überhaupt ein Material, das nur mit Krampen und Schaufel zu bearbeiten ist.

Schwerer Hackboden ist fester Ton, sehr fester Mergelboden, großer, grober, verwachsener Schotter, zu dessen Gewinnung man Spitzhaue und Krampen benötigt.

Weiters haben wir gebreches (brüchiges) Gestein. Zum milden gebrechen Gestein zählt verwitterter Schiefer, leichtes Konglomerat, Mergelkalke, die jedoch schon mit der Spitzhaue oder Keilhaue und Brecheisen bearbeitet werden müssen.

Festes gebreches Gestein ist lockerer Fels, verwitterter Gneis und Granit usw., die außer Keilhaue und Brecheisen noch Sprengarbeit erfordern.

Ganz festes Sprenggestein, das nur durch Sprengen zu zertrümmern ist, ist Sandstein, Konglomerate, Tonschiefer, Glimmerschiefer, Gneis, Granit und fester Kalkstein.

Das festeste Sprenggestein ist dichter Granit, Porphyr, Grauwacke oder Urgestein. Die Sprengung erfolgt mit Pulver, Dynamit oder Dynamon.

c) Sprengen des Bodens

Jedes Sprengen muß der Behörde angezeigt werden. Je nach der Steinart, der Umgebung des Brunnens oder der Wirkung, die man erzielen will, nimmt man zum Sprengen Pulver, Dynamit oder Dynamon. Da das Pulver weder in die Tiefe wirkt, noch die Ausdehnung von Gasen hat, wie das Dynamit oder Dynamon, erzielt man mit Pulver nur schwächere Wirkungen.

Wenn sich bereits Wasser im Brunnen befindet, wird das Pulver in Blechkapseln gefüllt, dann die Zündschnur eingesetzt, alles mit Paraffin vergossen und versenkt. Dynamit wird ähnlich, jedoch ohne Blechkapsel, nur mit Paraffin überzogen versenkt. Die Entzündung des Pulvers geschieht durch die Zündschnur mit Feuerstrahl, während Dynamit und Dynamon nur durch Schlag zur Explosion gebracht werden können.

Die zylindrische, mit paraffiniertem Papier umhüllte Dynamitpatrone wird auf einer Seite geöffnet, erhält in ihrer Mitte mit einem Holz ein Loch gestochen, in das sodann das Ende der Zündschnur eingesetzt wird. Diese ist mit einer Kupferkapsel versehen, in der sich ein Zündsatz aus Knallquecksilber befindet. Das Papier der Patrone wird an die Zündschnur angelegt und zugebunden. Hierauf wird die ganze Patrone in lauwarmes Paraffin getaucht, herausgezogen und, wenn das Paraffin steif ist, in das Bohrloch eingeführt. Sollte sich noch kein Wasser im Brunnen befinden, so kann das Bohrloch zur Verstärkung der Explosion mit Wasser verdämmt werden. Wenn sich die versenkte Patrone im Bohrloch befindet, wird die Zündschnur, die am Ende zur leichteren Entzündung etwas aufzubürsten ist, entzündet. Die Bohrlöcher werden zur Erzielung einer besseren Schußwirkung nie senkrecht, sondern etwas schief angesetzt. Sie werden mittels Steinbohrer, Flachbohrer, Räumchen hergestellt (s. Tafel II); zum Verdämmen der Ladung bedient man sich des Ladstockes. Das beschriebene Werkzeug heißt Schußzeug. Die Explosionswirkung, welche durch die Volumenvergrößerung der entzündeten Gase eintritt, ist bei Dynamit eine viel höhere als bei Pulver.

Bei jeder Sprengung sind, wie bereits betont, die gesetzlichen Vorschriften genau einzuhalten.

Dynamit, aus Nitroglyzerin und Kieselgur usw. bestehend, friert schon bei 4 bis 5^0 über dem Gefrierpunkt. Da schon das Brechen allein eine gefrorene Patrone zur Explosion bringen kann, ist bei Kälte b e s o n d e r e Vorsicht nötig. Ebenso muß vermieden werden, daß das Dynamit mit einem b l a n k e n E i s e n m e s s e r geschnitten wird. Die Verwendung von Kupfer- oder Holzmesser und Lochstecher aus diesem Material ist gestattet. Eisen und Stahl ist unbedingt verboten. Dynamit ist so aufzubewahren, daß es vor Frost und allzu großer Hitze geschützt wird; der Aufbewahrungsraum muß gut verschlossen sein und darf nur von dem Partieführer oder Vorarbeiter betreten werden, damit kein Unfug mit den Explosivmitteln geschehen kann. Um eine gefrorene Dynamitpatrone wieder gebrauchsfähig zu machen, kann sie durch Körperwärme aufgetaut werden. In neuerer Zeit wird anstatt Dynamit oder Pulver ein Sicherheitssprengmittel verwendet, das die Eigenschaft hat, sich weder selbst zu entzünden noch zu explodieren, auch wenn es fallen gelassen wird oder in der Nähe einer Explosionsstätte gelagert ist. Dieses Sicherheitssprengmittel heißt Dynamon, hat die Sprengwirkung des Dynamits, ist aber durch seine Zusammensetzung unempfindlicher; es entzündet sich wie Dynamit nur durch heftigen Schlag, d. h. mittels Sprengkapsel.

Nicht losgegangene Schüsse dürfen n i c h t ausgeräumt werden, sondern es ist auf 1 bis 2 cm ein neues Bohrloch schräg anzusetzen und mit einer halben Patrone zu laden, damit durch Explosion der neu angesetzten Patrone der alte nicht losgegangene

Schuß gleichfalls zur Explosion kommt (Schlagwirkung). Ich warne davor, einen nicht losgegangenen Schuß auszubohren oder auszuräumen, da hierdurch schon viel Unglück entstanden ist.

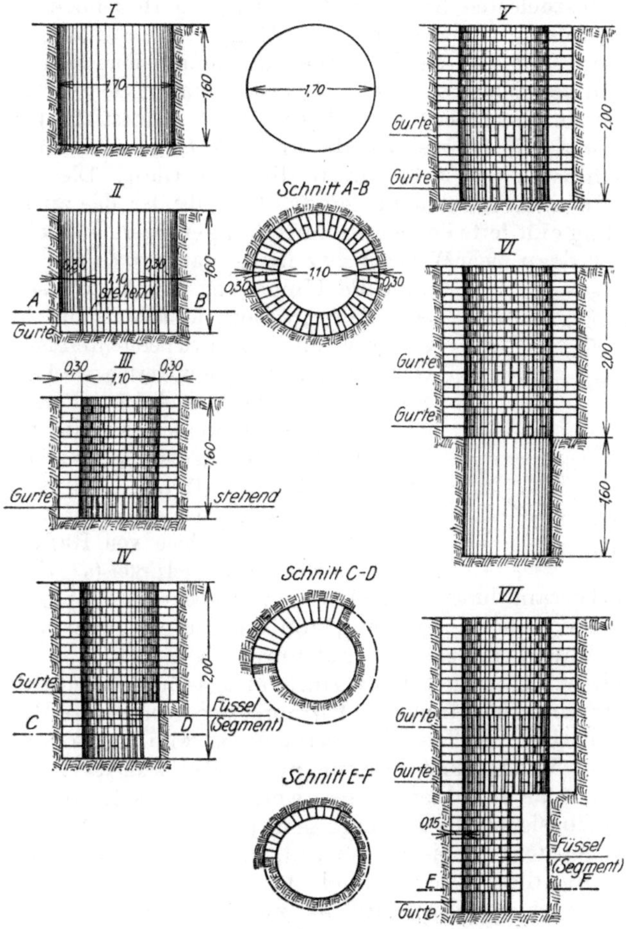

Abb. 42

Das Schießen mit Dynamon muß genau so angezeigt werden, obwohl es ein Sicherheitssprengmittel ist, wie mit Dynamit oder Pulver und es müssen ebenfalls alle Gesetzesvorschriften eingehalten werden.

d) Beispiel für den Bau eines normalen Brunnens

Mit der Brunnengrabung darf erst nach Erfüllung der gesetzlichen Vorschriften begonnen werden. Der Vorgang ist dabei folgender:

Im festgelegten Brunnenmittel wird ein Holzpflock in die Erde getrieben, in denselben ein Nagel eingeschlagen, daran eine Schnur, die die Länge des inneren Brunnenhalbmessers mehr der jeweiligen Mauerstärke hat, befestigt und mittels Krampen ein Kreis gezogen. Sodann wird senkrecht, mannstief (1,60 m) eingegraben. Nach Erreichen dieser Tiefe ebnet man die Baugrubensohle ein und stellt darauf die erste Gurte. Die Gurte stellt ein ewiges, horizontal liegendes Gewölbe dar, das zu seiner Herstellung eine fette Betonmörtelmischung erfordert. In lockerem Grunde ist dazu mehr Wasserzusatz nötig, damit durch den Mörtel auch die Umgebung miterhärtet, so daß beim Tiefergraben ein Nachrutschen lockeren Erdreiches nicht zu befürchten ist. Die Gurte kann auch mit Gurtenzwickel ausgekeilt, muß aber unbedingt mit Zementmörtel vergossen werden. Auf die fertige Gurte wird das Mauerwerk bis zum Terrain aufgeführt (s. Abb. 42 I, II, III).

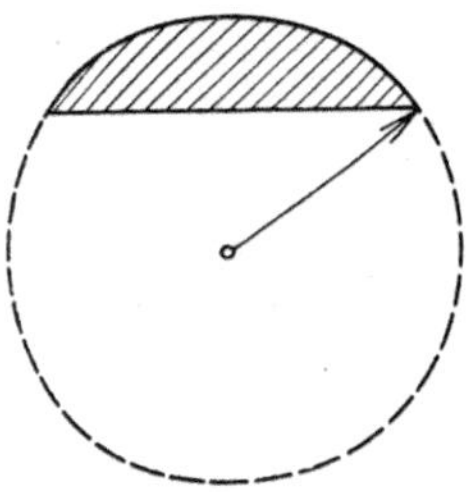

Abb. 43

Das Gurtenstellen erfolgt im Brunnen unter Zuhilfenahme von Ramenade (Bogenlehre) im Viertelzirkel (s. Abb. 43) und am Terrain durch Schneiden von Stäben aus Holz in der Mauerstärke, durch Absenkelung von der Gurte bis zum Niveau, um das Mauerwerk senkrecht aufführen zu können.

Nach vollendeter Aufmauerung erfolgt die Weitergrabung nur mehr mit dem inneren Durchmesser ebenfalls senkrecht und mannstief. Ist diese Tiefe erreicht, so wird am Boden ein Viertel des Brunnenumfanges in der vollen Mauerstärke ausgebrochen, das erste Viertel der zweiten Gurte aufgestellt und mit dünnflüssigem Mörtel vergossen (s. Abb. 42, IV). Darauf wird das Mauerwerk bis zur oberen, ersten Gurte hochgeführt. (Man nennt diese Phase „Füßel“.)

Wenn dies geschehen, wird das zweite Viertel ausgebrochen, wieder die Gurte an das erste Viertel angestellt, vergossen und das Mauerwerk darauf bis zur oberen Gurte hochgeführt. (Stück oder Segment.) Hierauf wird das dritte Viertel ausgebrochen, ebenfalls Gurte gestellt, vergossen und aufgemauert wie vorbeschrieben. Der gleiche Vorgang wiederholt sich beim letzten Viertel. Sodann wird in die Tiefe weitergegraben und es wiederholt sich der oben beschriebene Vorgang solange, bis sich der Grundwasserspiegel zeigt (s. Abb. **42**, V bis VII und Abb. **44**, VIII bis X).

Damit ist der sogenannte trockene Teil des Brunnens erledigt und wir wenden uns zur Beschreibung des nassen Teiles.

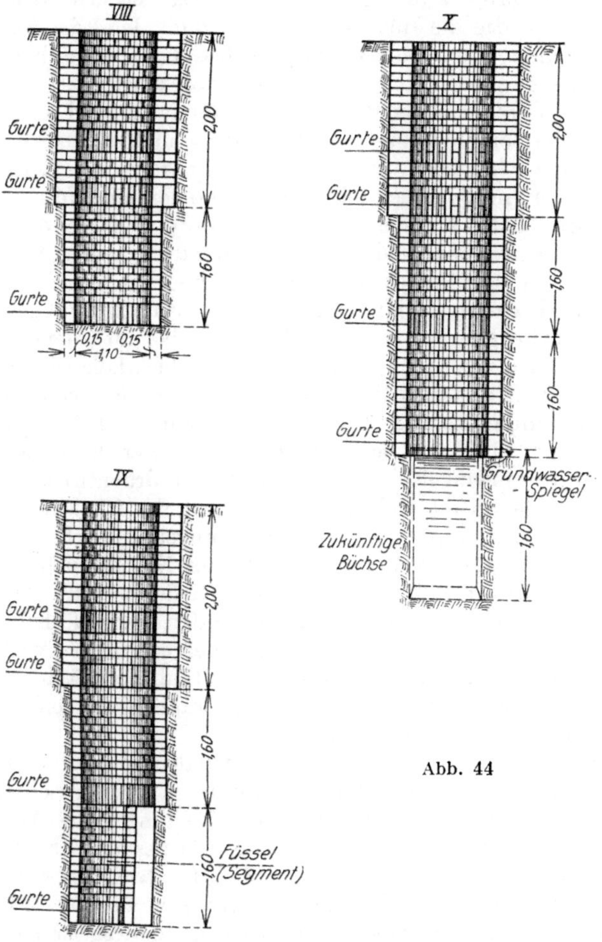

Abb. 44

Die Arbeit beginnt mit dem Eintreiben einer Brunnenbüchse. Die Brunnenbüchse (s. S. **64**, Abs. d) ist ein zylindrisches, faßartig gearbeitetes Gefäß ohne Deckel und Boden, im oberen Teil enger, im unteren Teil etwas weiter, damit sie leichter in den Boden eindringt; am oberen Teil ist sie abgeköpft, damit sie beim

Schlagen nicht ab- oder zersplittert. Man läßt die Büchse im Anfang durch ihr Eigengewicht einrutschen, lockert dabei den Grund durch Gräbler, hebt das Material mittels Räumhaue aus und schlägt, wenn vorgeräumt ist, die Büchse daubenweise nach. Dieser Vorgang wird solange fortgesetzt, bis die Wassertiefe erreicht ist, die die Höhe der Büchse hat. Jetzt die Büchse zu unterräumen, wäre nicht ratsam. Sollte dies aber geschehen sein, so muß reiner Schotter in den Brunnen eingeschüttet werden, wodurch beim Schöpfen des Wassers der feine Sand im Schotter zurückgehalten und eine Verunreinigung und rasche Abnützung der Pumpe vermieden wird. Der Zwischenraum zwischen Büchse und Mauer muß immer mit Rieselschotter hinterfüllt werden, damit man beim Einräumen erkennen kann, ob hinter der Büchse eine Entleerung stattfindet. Nach Vollendung dieser Arbeit und nach Einbau der Pumpe wird der Brunnen sicher und gut abgedeckt und durch Umpflasterung vor Verunreinigung geschützt.

Im vorhergehenden wurde das Tiefergraben auf Tiefenstufen von 1,60 m zu 1,60 m beschränkt. Viele Unglücksfälle hätten durch sinngemäße Einhaltung dieser Vorschrift vermieden werden können.

Bei einem tieferen Eingraben besteht im Falle des Nachstürzens (s. Abb. 106) der Grubenwände unter Berücksichtigung des Böschungswinkels die Gefahr, daß der Brunnenarbeiter vollständig verschüttet und entweder durch das Gewicht der Erdmasse erdrückt wird oder den Erstickungstod findet.

Weiters hat das zu tiefe Eingraben den Nachteil, daß der Mann beim Aufmauern sich eines Gerüstes bedienen muß. Die nach Entfernen dieses Gerüstes verbleibenden Gerüstlöcher lassen Wurzeln und Seitenwässer in den Brunnen ein. Ferner verbleiben oder sammeln sich in diesen Löchern Staub und Fäulniserreger, die bei höheren Wasserständen weggewaschen werden und das Brunnenwasser verunreinigen.

Durch solche offengebliebene Gerüstlöcher kann auch Sand (Schwimmsand) in den Brunnen kommen und denselben verschütten. Auch können hinter der Mauerung durch Ausrinnen des Sandes Hohlräume entstehen, die den Bestand des Brunnens gefährden. Leider kommt es sogar vor, daß unter großen Schwierigkeiten fertiggegrabene Brunnen derart zum Einsturz kommen, daß von nichtfachkundigen Personen in unsachgemäßer Weise beim Einbauen der Pumpe Tragbaumlöcher sogar in die Gurten gestemmt und dadurch die Gurten unterbrochen werden, wodurch die früher beschriebenen Schäden eintreten können. Der Bruch erfolgt dadurch, daß auf der den Hohlräumen gegenüberliegenden Seite Druck entsteht, der die Mauer einpreßt und zum Einsturz bringt. Daher merke die Regel: In einem Brunnen dürfen in der Strecke, wo Gurte auf Gurte folgt, unter keiner Bedingung das Mauerwerk geöffnet oder Tragbäume eingebaut werden.

5. Einzelteile des Brunnens und ihre Zusammensetzung

a) Das Mauerwerk aus Ziegel

Bei den mit Normalgurten gearbeiteten Brunnen richtet sich die Mauerstärke (Mantel) nach dem zu durchfahrenden Gebirge sowie nach dem Durchmesser des Brunnens. Bei einem Trinkwasserbrunnen mit 1,10 m Lichtweite muß aus hygienischen Gründen unbedingt bis 2 m ab Niveau eine 30 cm starke, in Zementmörtel gelegte Ziegelmauer kommen (s. Abb. 1), von dieser Tiefe ab kann man, wenn es das Gebirge zuläßt, den Brunnen mit Ziegelsteinen ohne Mörtel 15 cm stark auslegen.

Wenn aber bei demselben Durchmesser lockeres Gebirge angetroffen wird, so muß die Ziegelmauer 30 cm aus Zementmörtel hergestellt werden. In sehr lockerem Boden muß Gurte unter Gurte gestellt werden oder Gurte je nach dem Gebirge mit einer, zwei oder drei Scharen (Ziegellagen). Das Mauerwerk ist bei einem Durchmesser von

1,5 m	bis	2 m	....	30 cm
2 „	„	3 „	....	45 „
3 „	„	4 „	....	45 „ bis 60 cm
4 „	„	6 „	....	60 „
6 „	„	8 „	....	75 „
8 „	„	10 „	....	1,05 m

stark gemauert herzustellen. Der Ziegel für die Brunnenmauerung ist auf S. 21, Abs. II 1 a beschrieben, die Gurte auf S. 59—61.

Die Formatgröße der Ziegel (ob österreichisches oder deutsches Format) spielt bei kleinen Durchmessern keine Rolle; bei größeren Durchmessern muß jedoch die Verstärkung der Mauerung wie vorbeschrieben eingehalten werden. Formziegel (Brunnenziegel) kommen nicht mehr in Verwendung.

b) Die Gurte

Die Gurte ist beim modernen Brunnenbau der Hauptbestandteil des Brunnens. Sie ist im wahrsten Sinne des Wortes ein ewiges, horizontal liegendes Gewölbe, das von allen Seiten jedweden Druck in jeder Tiefe auszuhalten und 2 bis 3 m Mauerwerk frei zu tragen hat. Die Gurte ist für den Normalgurtenbrunnen das Fundament, auf welchem das ganze Mauerwerk aufgebaut wird.

Man unterscheidet stehende Gurten (s. Abb. 45, I u. II) bei 15 cm starker Mauer, Kreuzgurten (s. Abb. 46) mit zwei liegenden und zwei stehenden Ziegeln (Laufer und Binder) bei 30 cm starker Mauerung, bei 45 cm starker Mauerung Doppelgurte (s. Abb. 47) (Block und Kreuzverband) usw. Nach dem Durchmesser des Brunnens richtet sich eben die Stärke der Mauerung, daher auch die der Gurte, die der Mauerstärke gleichgemacht werden muß. Nur in besonderen Fällen wird das Mauerwerk schwächer als die Gurte gehalten, um Ziegelwerk zu sparen, aber nur in einem Boden, der die Sicherheit bietet, daß durch Auswitterung der Wände kein Seitendruck entsteht, also z. B. bei Konglomerat, Felsen, Stein, sehr schwerem Tegel oder Mergel.

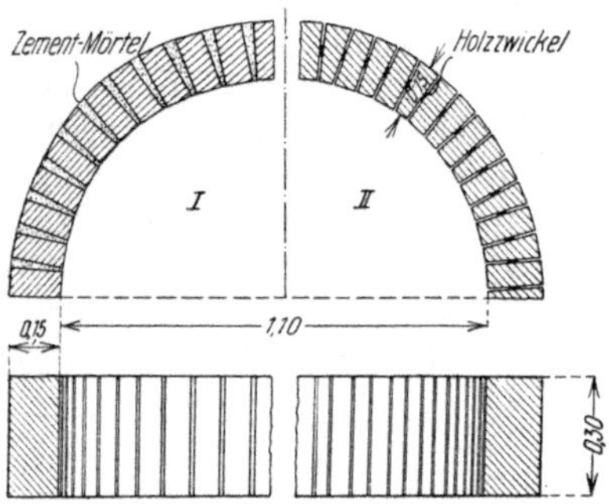

Abb. 45

Jedes Stück Mauerwerk mit einer Gurte als Basis bildet für sich einen Abschluß. Die Gewichtsverhältnisse des Mauerwerkes müssen dem Verhältnisse der Reibungswiderstände angepaßt sein. Daher kann ein gutdimensionierter, solid gebauter moderner Gurtenbrunnen nie einstürzen. Wenn er jedoch ohne Zementmörtel gebaut und nur trocken ausgelegt wurde, kann er, wenn nur ein kleiner Fehler dazukommt, wie ein Kartenhaus mit unheimlicher Schnelligkeit zusammenstürzen. Sicher und gut zu mauern, ohne mit Zement zu sparen, gibt die beste Gewähr für dauerhaften Bestand.

Die Abb. 45 bis 47 zeigen uns verschieden starke Gurten, wie sie je nach dem Durchmesser des Brunnens in Betracht kommen. Jede Gurte ist mit Zementmörtel 1 : 2 bis 1 : 3 zu vergießen. Vor Aufstellung der Gurte müssen die Ziegel gut mit Wasser durchtränkt werden. Die Hohlräume, die sich bei der Gurtenstellung zwischen Erde und Gurte ergeben, werden mit Ziegelstücken ausgefüllt und wie die Gurte selbst, gut vergossen, um zwischen Gurte und Erdreich ebenfalls eine innige Verbindung herzustellen.

Abb. 45, I, zeigt die Gurtenaufstellung bei einem normalen Brunnen mit 1,10 m Lichtweite, 15 cm starkem Mauerwerk in

Zementmörtel 1 : 2, während Abb. 45, II eine Gurte mit Föhrenholzzwickel, aber mit keilförmig behauenen Ziegeln bringt. Die Gurte (s. Abb 45, II) wird, wenn sie mit den Gurtenzwickeln straff gespannt wurde, ebenfalls mit einem dünnem Guß 1 : 2 wie vorbeschrieben vergossen. Holzzwickel allein zu verwenden, ohne auszugießen, soll vermieden werden, da die Holzzwickel leicht verfaulen und dadurch bei Vertiefung des Brunnens, Auswechseln einer Büchse, eines Sturzes usw., die Tragfähigkeit vermindern und das Mauerwerk zum Einsturz bringen können:

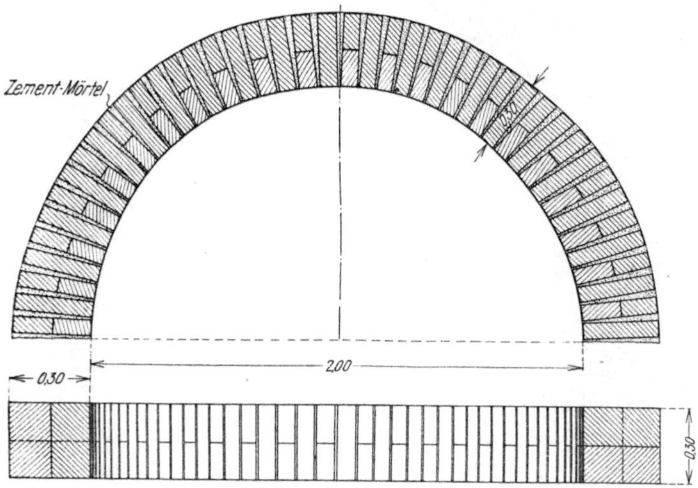

Abb. 46

besonders gilt dies beim Einbau von Holztragbäumen für eiserne Pumpen in den Gurten selbst. Außer der Brunnenmeister erkennt die Gefahr und sichert sich durch Nachzwicken der lockeren Gurten, damit bei diesen Arbeiten kein Unglück geschieht.

c) Die Rutschgurte

Die Rutschgurte kommt bei sehr lockerem Boden, welcher 2 bis 3 m Stärke aufweist, z. B. in angeschüttetem Terrain, Schwimmsand oder Rieselschotter, wo ein Graben mit Unterfangen unmöglich ist, zur Anwendung. Die Aufstellung einer solchen Rutschgurte (s. Abb. 48) erfolgt in zwei ringförmigen Eisenreifen, deren Halbmesser gleich dem inneren Brunnenhalbmesser mehr der Mauerstärke ist. In diesen Eisenreifen wird die

Gurte am Terrain, wie beim Unterfangen, aufgestellt und mit Eichenkeilen verspannt. Die verspannte Gurte erhält außen und

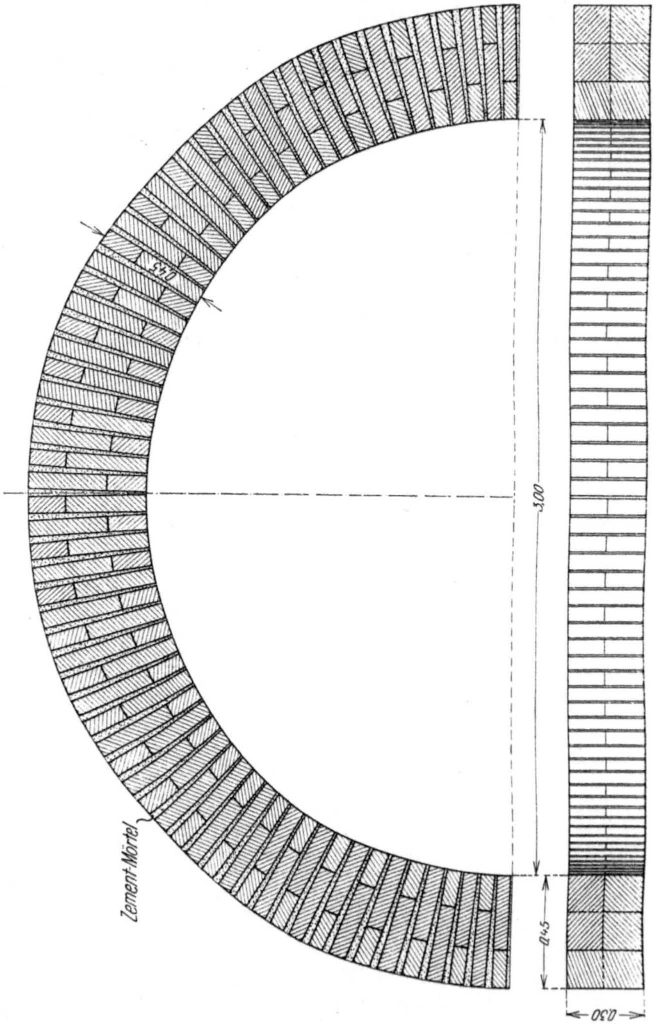

Abb. 47

innen einen Zementmörtelbelag und einen Fugenverguß mit dünnem Zementmörtel; die Aufmauerung erfolgt wie beim Versenkbrunnen.

Nach Erhärten des Zementmörtels wird die Rutschgurte durch Rauben der Basis, auf der sie steht, bis zum festen Gebirge versenkt. Wenn das feste Gebirge erreicht ist, kann man durch stückweises Unterfangen der Rutschgurte solange Gurte unter Gurte stellen, bis diese nun vielfach gestellten Gurten das auf ihnen ruhende Mauerwerk sicher und gut tragen. Vorsichtigerweise nimmt man, wenn es das Gebirge erlaubt, eine Gurte mit ein, zwei bis drei Scharen usw., bis man sich mannshoch eingraben kann. Die Arbeitsweise ist dieselbe wie beim normalen Brunnen. Nach Erreichen des Grundwasserspiegels wird die Brunnenbüchse, wie schon früher beschrieben, eingesetzt.

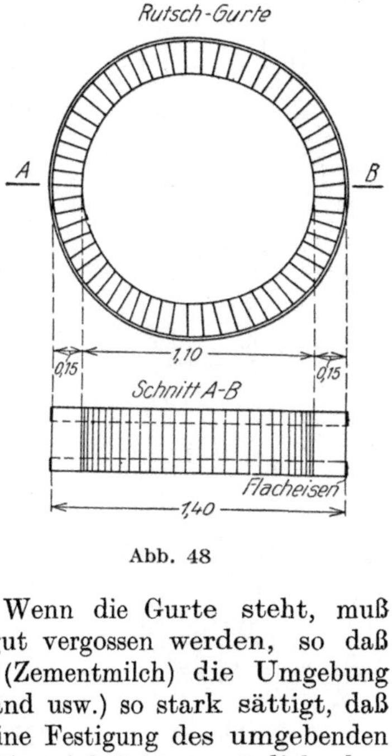

Abb. 48

Rutschgurten in tiefen Lagen eines Brunnens zu verwenden, ist nicht ratsam; es ist besser, Gurte unter Gurte zu arbeiten oder eine Sperrbüchse einzutreiben.

Um Gurte unter Gurte in Rieselschotter oder Schwimmsand sicherer einbringen zu können, spritzt man am Abend vorher Zementmilch in die Umgebung ein, oder, wenn man gleich weiterarbeiten will, legt man vorbereitete Lehmknödel (-patzen) immer beim Herausnehmen des Materials in die freigewordene Stelle ein und schiebt den Ziegel für die Gurte nach. Wenn die Gurte steht, muß sie mit dünnem Zementmörtel gut vergossen werden, so daß das überschüssige Zementwasser (Zementmilch) die Umgebung der Gurte (den Rieselschotter, Sand usw.) so stark sättigt, daß bei der zweiten Gurtenstellung eine Festigung des umgebenden Bodens vorhanden ist. Bei vorsichtiger Arbeit ist es möglich, ohne Gefahr in Rieselschotter usw. Tiefen bis 2 m und darüber so herzustellen, daß der Brunnen sicher und gut hält. Das Mauerwerk jedoch in diesen Strecken zu durchbrechen, um Tragbäume für die Pumpe einzubauen o. dgl., ist gefährlich, denn beim Einbau der Tragbäume, die länger als der Durchmesser des Brunnens sind, müßten diese Tragbäume verschoben werden, d. h. auf einer Seite ein tieferes Loch, als die Mauerstärke beträgt, ausgebrochen werden. Wenn nun die Zementmilch nicht sehr weit eingedrungen ist, würde Rieselschotter und Schwimmsand durch diese Öffnung in den Brunnen eindringen, was zur Folge hätte, daß Hohlräume entstünden und der auf der gegenüberliegenden Seite entstehende Druck die Brunnenmauer eindrücken würde. Die Tragbäume sind daher so kurz wie möglich zu halten, um sie noch im Mauerwerk selbst unterbringen zu können, ohne dasselbe durchbrechen zu müssen. Wie man sieht, kommt es außerordentlich auf das Erkennen der Situation an. Der geschulte Brunnenbauer wird von Haus aus solche Strecken für den Einbau von Tragbäumen meiden. Die Tragbäume sind im Mauerwerk fest mit Lärchenholz oder Eichenzwickeln zu verkeilen und das Mauerwerk ist mit in Zementmörtel gelegten Ziegeln gut zu verschließen. Die Auflagerungslänge der Tragbäume braucht nicht größer als die Höhe der Tragbäume oder Traversen für Podeste zu sein.

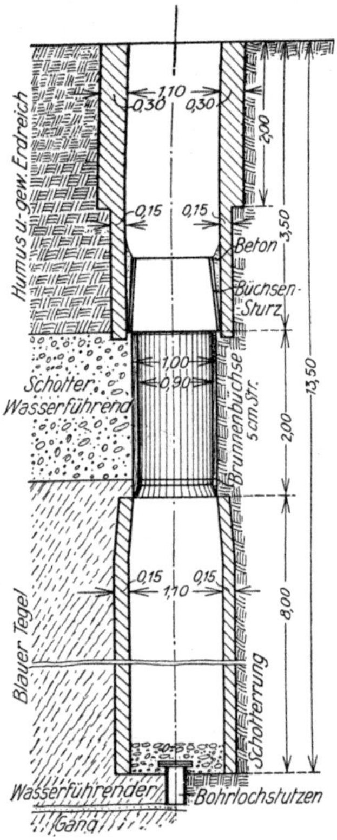

Abb. 49

d) Die Brunnenbüchse

Wie erwähnt, ist nach Erreichung des Grundwasserspiegels ein Weitermauern unmöglich. Ein Mauern könnte nur stattfinden, wenn das zuströmende Wasser ständig geschöpft oder abgepumpt würde. Der dadurch zum Mittelpunkt des Brunnens gerichtete Grundwasserzustrom würde jedoch den Zementmörtel aus den Mauerwerkfugen ausschwemmen und damit den Bestand des Brunnens gefährden. Man hilft sich daher mit Brunnenbüchsen, die nach dem Zwecke verschieden konstruiert und benannt sind. In gemauerten Brunnen Betonringe anstatt Büchsen zu versenken ist unzulässig, da durch die Versenkung der Bauzustand des Brunnens ebenfalls gefährdet wird.

Die normale Brunnenbüchse besteht aus Lärchenpfosten, ist zylindrisch gearbeitet wie ein Faß, jedoch nicht tonnenförmig, im oberen Teile etwas enger, im unteren Teile etwas

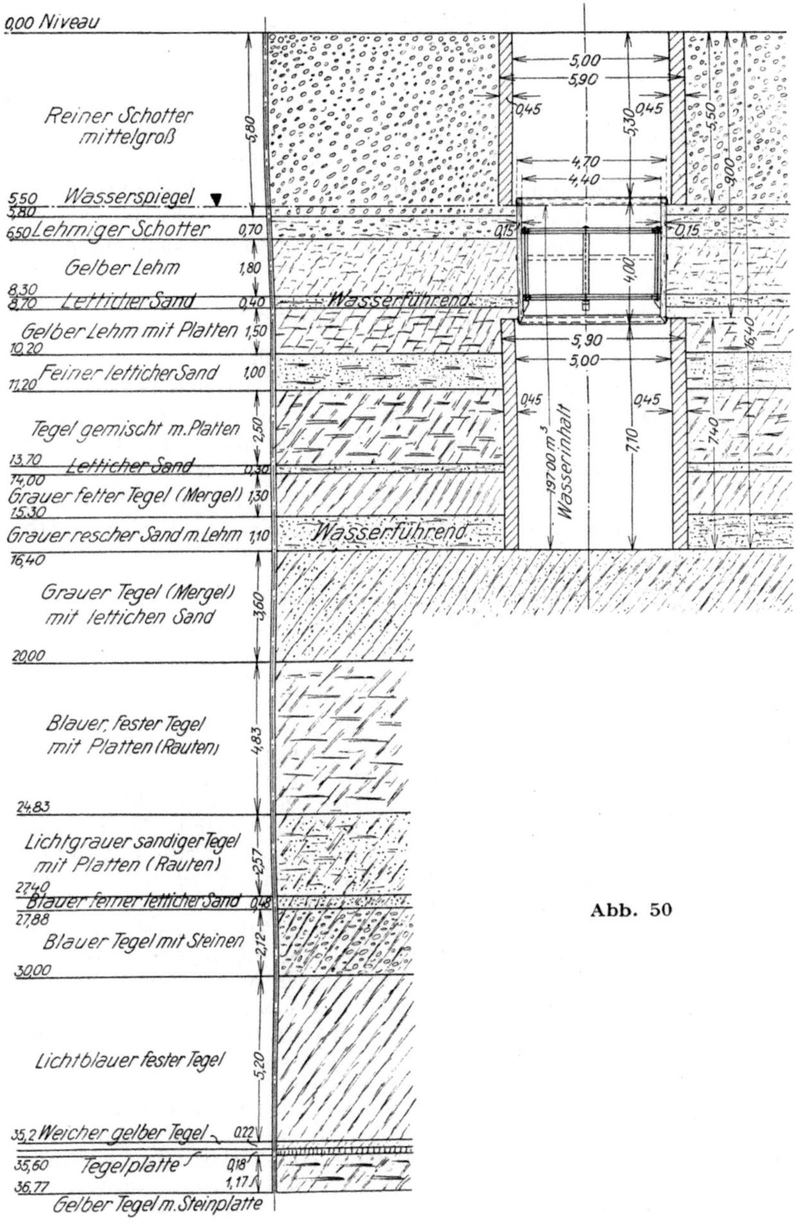
0,00 Niveau
Reiner Schotter mittelgroß
5,80
5,50 Wasserspiegel
5,80
6,50 Lehmiger Schotter 0,70
Gelber Lehm 1,80
8,30
8,70 Lettiger Sand 0,40
Wasserführend
Gelber Lehm mit Platten 1,50
10,20
Feiner lettiger Sand 1,00
11,20
Tegel gemischt m. Platten 2,50
13,70 Lettiger Sand 0,30
14,00
Grauer fetter Tegel (Mergel) 1,30
15,30
Grauer rescher Sand m. Lehm 1,10
Wasserführend
16,40
Grauer Tegel (Mergel) mit lettichen Sand 3,60
20,00
Blauer, fester Tegel mit Platten (Rauten) 4,83
24,83
Lichtgrauer sandiger Tegel mit Platten (Rauten) 2,57
27,40
Blauer feiner lettiger Sand 0,48
27,88
Blauer Tegel mit Steinen 2,12
30,00
Lichtblauer fester Tegel 5,20
35,2 Weicher gelber Tegel 0,22
35,60 Tegelplatte 0,18
36,77 1,17
Gelber Tegel m. Steinplatte
5,00
5,90
0,45
0,45
5,30
5,50
9,00
4,70
4,40
0,15
0,15
4,00
16,40
5,90
5,00
0,45
0,45
1970 m³ Wasserinhalt
7,10
7,40

Abb. 50

weiter, damit sie leichter in die Erde eingetrieben werden kann. Eine von innen nach außen abwärts gerichtete Schneide befördert diesen Zweck. Die Büchse hat außen Eisenreifen, die beim Eintreiben der Büchse das Hinaustauchen der Dauben verhindern. Die äußeren Eisenreifen bleiben bei dem Einschlagen der Büchse durch die Trägheit stehen. Dafür ersetzt der äußere Erddruck bei guteingearbeiteten Büchsen die äußeren Eisenreifen. Bei normalen Büchsen, die nur 2 m tief geschlagen werden, ist daher eine eigene Konstruktion gegen Eindrücken im Innern unnötig.

e) Die Sperrbüchse

Diese ist wie die gewöhnliche Brunnenbüchse gearbeitet, hat jedoch außen zur Sicherheit und besseren Führung etwas stärkere Reifen. Das Gefüge muß genau gestoßen und gut geblattet werden, damit die einzelnen Dauben dicht halten. Bei Undichtheit werden dieselben mit Schilf oder Werg verstemmt.

Der Name besagt den Zweck. Die Sperrbüchse dient zum Absperren schlechten Wassers, von Schwimmsand, Rieselschotter und so weiter.

Abb. 49. Dieser Brunnen wurde auf einer Eisenbahnstation zur Trinkwasserbeschaffung rekonstruiert. Der Brunnen wurde mit 1,10 m Lichtweite, 2 m Tiefe, 30 cm stark, mit in Zementmörtel gelegtem Mauerwerk in Humus und gewachsenem Erdreich zum Schutze gegen die Tagwässer vorgebaut. Von 2 m Tiefe ab wurde bis zur wasserführenden Schotterschicht der Brunnen 15 cm in Zementmörtel mit Gurten auf eine Tiefe von 3,50 m gemauert. Zur Zeit des Brunnenbaues war der Grundwasserspiegel auf der Tiefe von 3,50 m vorgefunden worden. Dieses Wasser war schlecht, deshalb wurde eine 2 m hohe Sperrbüchse in den dortselbst vorhandenen blauen, festen, ziemlich fetten Tegel, der die Gewähr leistete, daß kein oberes Wasser durchdringen kann, eingetrieben. Unter dem Sprantz (Schneide) wurde der Brunnen in einer Tiefe von 8 m mit 1,10 m Durchmesser weiter abgeteuft. Von dieser Tiefe ab wurde bis zum wasserführenden Gang ein kurzes Senkrohr eingetrieben, durch das das Wasser freien Eintritt in den Brunnen bekam. Die Sohle des Brunnens wurde mit einer Schotterschicht zur Abhaltung des auftreibenden Sandes bedeckt. Dieses Wasser stieg jedoch über die Brunnenbüchse. Um es nun abzuhalten, sich nach außen zu verlieren, wurde auf die Brunnenbüchse ein Sturz gegeben. Dieser Sturz wurde etwas kegelförmig gebaut, um ihn mit Beton wasserdicht herstellen zu können. Zwischen Büchse und Mauer kam eine Betonabdichtung. Die Wasseranalyse ergab ein einwandfreies Trinkwasser gegenüber dem alten Bestand. Bezüglich des Sturzes verweise ich auf S. 75, Abs. h.

Die Abb. 50 sowie **51** stellen beide mit Sperrbüchsen abgesperrte Großbrunnen dar, die durch Unterfangen bis zum Grundwasserspiegel geführt wurden; bei Abb. **51** 4 m tief und bei Abb. **50** **7,10** m tief. Das dadurch erzeugte Reservoir diente dazu, das nötige Wasserquantum bei Betriebsstillstand zu sammeln. Bei Abb. **50** wurde

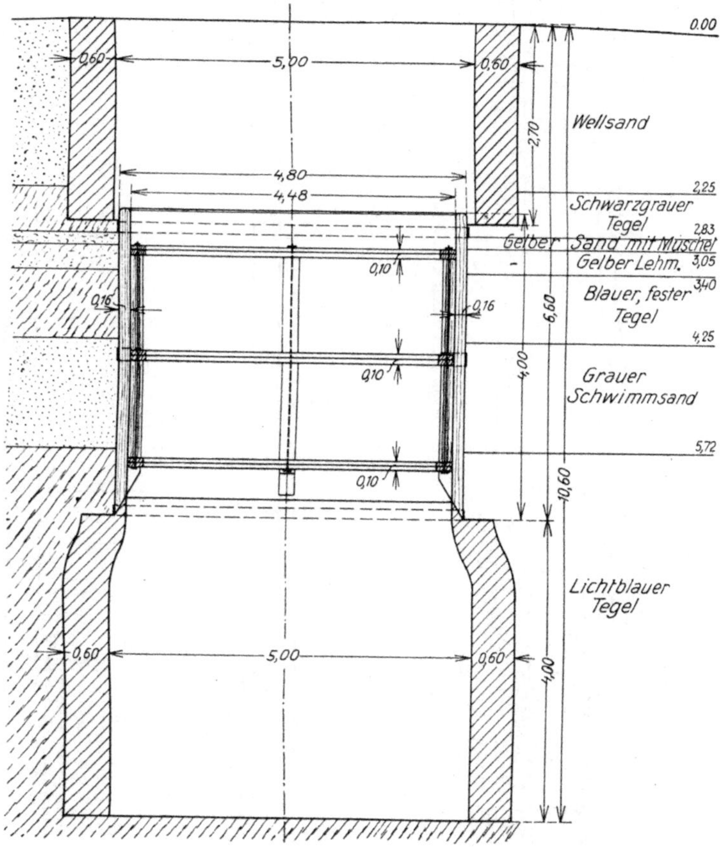

Abb. 51

in einer Tiefe von 16,40 m, wie nebenstehende Sondierbohrung zeigt, eine wasserführende Schicht angetroffen, die die angeforderte Wassermenge reichlich lieferte. Die verschiedenen Lagerungen des Gebirges geben die Erklärung für die Bauart des Brunnens. Der Brunnen Abb. 50 wurde für eine Maschinenfabrik in Niederösterreich und der Brunnen Abb. 51 für eine Eisenbahnstation als Wasserstationsbrunnen erbaut.

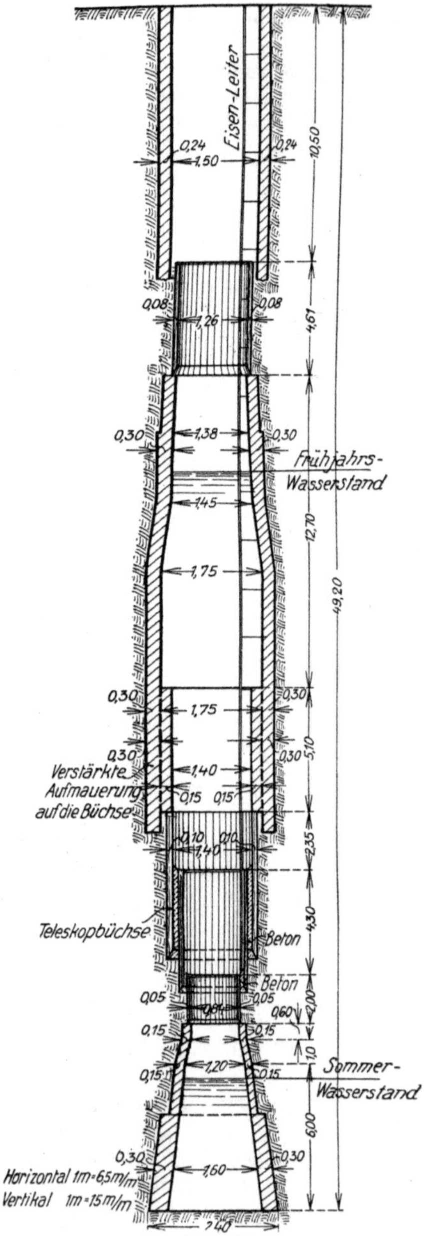
Eisen-Leiter
0,24
1,50
0,24
10,50
0,08
1,26
0,08
4,61
0,30
1,38
0,30
Frühjahrs-
Wasserstand
1,45
12,70
1,75
49,20
0,30
1,75
0,30
5,10
0,30
0,30
Verstärkte
Aufmauerung
auf die Büchse
1,40
0,15
0,15
0,10
1,40
0,10
2,35
4,30
Teleskopbüchse
Beton
Beton
0,05
0,05
2,00
0,60
0,15
0,15
1,0
1,20
Sommer-
Wasserstand
0,15
0,15
6,00
0,30
1,60
0,30
Horizontal 1m=6,5m/m
Vertikal 1m=15m/m
2,40

Abb. 52

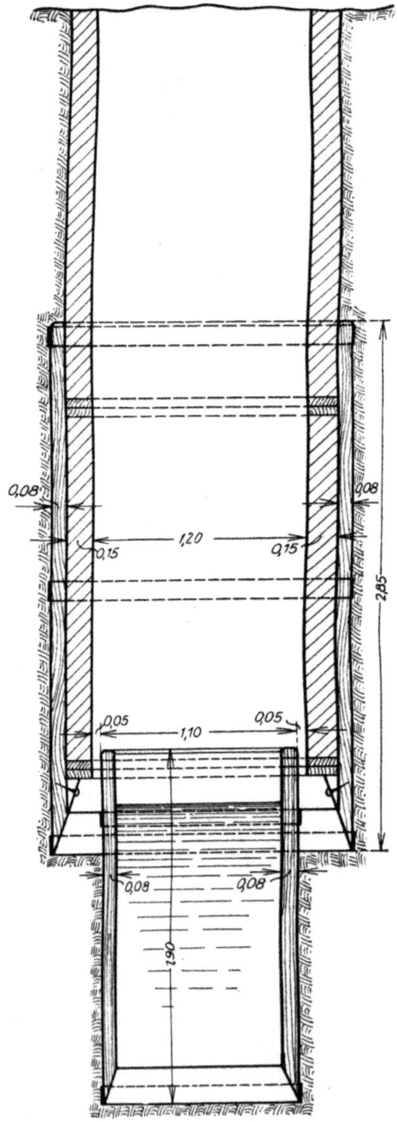
0,08
0,08
0,15
1,20
0,15
2,85
0,05
1,10
0,05
0,08
0,08
1,90

Abb. 53

Die kombinierte Brunnenanlage der Abb. 52 mit einer Tiefe von 49,20 m hat außer der Teleskopbüchse (s. S. 66, Abs. d) eine Sperrbüchse und eine zweimalige Erweiterung des Brunnens. Bei der Neuherstellung des Brunnens konnte man den Schwimmsand in einer Tiefe von 10,50 m bis 13,11 m nicht durchmauern. Es war einfach unmöglich, mit Gurten durchzukommen, da der Schwimmsand etwas Wasser führte und so rann, daß unbedingt eine Sperrbüchse eingeschlagen werden mußte. Am Tegel angekommen, konnte das Wasser und der Sand abgesperrt werden. In der Tegelstrecke wurde nun der Brunnen auf 1,75 m Lichtweite in 30 cm Stärke erweitert. Der obere Teil mit 1,50 m Lichtweite war aus deutschen Ziegeln gemauert. Da man für den Betrieb zu wenig Wasser hatte, mußte man weiter in die Tiefe gehen. Bei einer Tiefe von 17,80 m unter der Sperrbüchse wurde wieder Schwimmsand mit Wasser in einer Mächtigkeit von 8 bis 9 m angetroffen. Es war nun wieder unmöglich, mit Gurten weiterzukommen. Da aber erst auf 40 bis 42 m Tiefe Tegel zu erwarten war, mußte man Sperrbüchsen verschiedenen Durchmessers einarbeiten, also teleskopartig in die Tiefe gehen, bis der sperrbare Tegel erreicht war. Die Sperrbüchsen wur-

Abb. 54

Abb. 55

den angebohrt, um das Wasser auslaufen zu lassen und sodann die Zwischenräume zwischen den Sperrbüchsen gut abbetonieren zu können. Nach durchgeführter Absperrung wurden die Löcher der Büchse mit Pfropfen zugeschlagen. Da sich die Konstruktion bewährte, weder Schwimmsand noch Wasser in den Brunnen eindrang, wurde der Brunnen durch Erweiterung auf 1,20 m und tiefer noch auf 1,60 m mit einer 30 cm starken Mauer auf die Tiefe von 49,20 m weitergeführt. Ohne daß man es erwartete, brach plötzlich aus der

Abb. 56

Sohle des Brunnens Wasser bis auf eine Höhe von zirka 20 m ab Niveau. Eine merkwürdige Erscheinung war weiters die, daß der Wasserspiegel im Sommer bis auf 6 m abfiel, jedoch im Winter bzw. Frühjahr bis auf rund 20 m ab Sohle aufwärts stieg. Der Brunnen steht noch heute in Verwendung, nur wurde ab Brunnensohle eine Tiefbohrung ausgeführt, durch die in einer Tiefe von 100 m Wasser angestoßen wurde, das den Brunnen das ganze Jahr über mit dem angeforderten Quantum speiste. Der Brunnen wurde für eine Großindustrie im X. Wiener Bezirk an der Lände des Laaerberges hergestellt. Maßstab der Abb. 52: horizontal 1 m = 65 mm, vertikal 1 m = 15 mm.

f) Die Versenkbrunnenbüchse

Abb. 57

Diese wird wie die normale Haus- und Großbrunnenbüchse gearbeitet, ist im Innern mit Spannreifen versehen, welche durch Steher voneinandergehalten und durch Ankerschrauben zusammengezogen werden. Der untere Spannkranz, auf dem das Mauerwerk zu liegen kommt, ruht auf fixangeschraubten Keilen. Die Ziegel dürfen nach außen nicht über die Büchse vorstehen (s. Abb. 53). Das Mauerwerk ist außen zu glätten, damit der Brunnen leichter versenkt werden kann. Die Senk- oder Versenkbüchse gelangt in Schwimm- oder Wellsand, kleinem rinnendem Rieselschotter, Moorboden oder Sumpf, lockeren Anschüttungen usw., kurz in Boden, in dem ein normales Arbeiten ausgeschlossen erscheint, zur Anwendung.

Abb. 58

g) Die große oder Maschinenbrunnenbüchse

Die große Brunnenbüchse gleicht im Prinzip der normalen Brunnenbüchse, ist jedoch stärker konstruiert. Sie dient zur Gewinnung großer Mengen von Wasser. Es ist natürlich, daß mit Rücksicht auf die größeren Abmessungen statt Pfosten Kantholz in Verwendung kommt. In das Innere der Büchse müssen derart durchgebildete Spannreifen aus Eisen oder Holz kommen, daß die Büchse durch die äußeren Eisen- und inneren Spannreifen eine gute Führung hat und jede einzelne Daube senkrecht in die Erde einpilotiert werden kann. Man ersieht in den Abb. 54 bis 58 genau die Entwicklung der Brunnenbüchse von Anbeginn bis zu ihrer vollständigen Fertigstellung. Die Büchsen haben, je nach dem Durchmesser, zwei bis vier Keildauben (s. Abb. 59). Jede Keildaube besitzt in ihrer unmittelbaren Umgebung links und rechts Schubdauben, damit die Büchse vor dem Eintreiben gelockert und nach dem Schlagen wieder gespannt werden kann. Die Keile sind immer in der Hälfte bzw. dem Drittel oder Viertel des Umfanges der Büchse angeordnet. Die Schubdauben werden als erste beim Schlagen der Büchse vorgetrieben. Dadurch werden die Keile frei, die Spannung der Büchse gelockert und die Dauben können leichter einpilotiert (geschlagen) werden. Wenn die Büchse einmal im Brunnen eingebaut und eingearbeitet ist, bleiben die Eisenreifen durch die Trägheit in ihrer Lage, der Druck der äußeren Erde ersetzt die Reifen und es können die inneren Spannreifen, vorausgesetzt, daß die Büchse tadellos im Brunnen steht, ebenfalls entfernt werden, ohne die Büchse oder den Brunnen zu gefährden. Diese Spannreifen wären, weil sie aus weichem Holz gearbeitet sind, bald der Fäulnis unterworfen. Sollten Büchsendauben dadurch, daß sich an der Schneide Findlinge oder kindskopfgroße Steine befunden haben, den Weg verlieren, so kann man sie meistens entweder durch Herausräumen der Findlinge oder Vorhalten von schiefgelagertem Kantholz wieder in ihre Richtung bringen. Sollte dies nicht gelingen, so werden die Holzspannreifen durch Eisenspannreifen ersetzt, wenn sich das Wasser abschöpfen läßt. Ist auch das unmöglich, so besteht die einfachste Methode darin, eine 50 bis 60 cm hohe Schotterlage zu geben, die es verhindert, daß die Daube in der Richtung zur Brunnenachse durch den Außendruck gepreßt wird. Der äußere Durchmesser der Büchse ist meistens um 20 cm kleiner als der wirkliche Brunnendurchmesser, damit sie im Brunnen leicht eingebracht werden kann, ihre Höhe meist gleich dem Durchmesser des Brunnens. Nur bei stehendem Material kann sie höher sein, da die Büchse in diesem Falle keinen Seitendruck wie bei lockerem

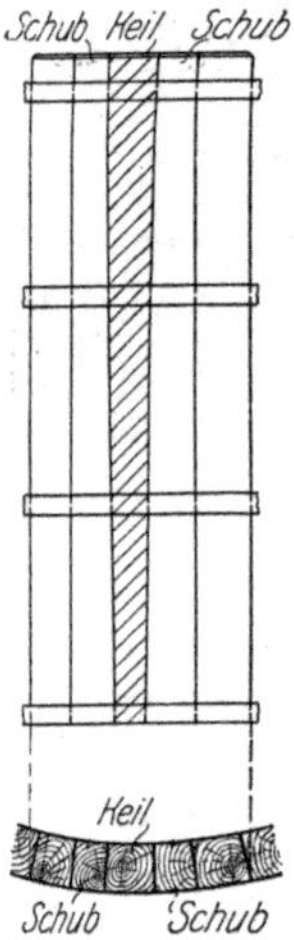

Abb. 59

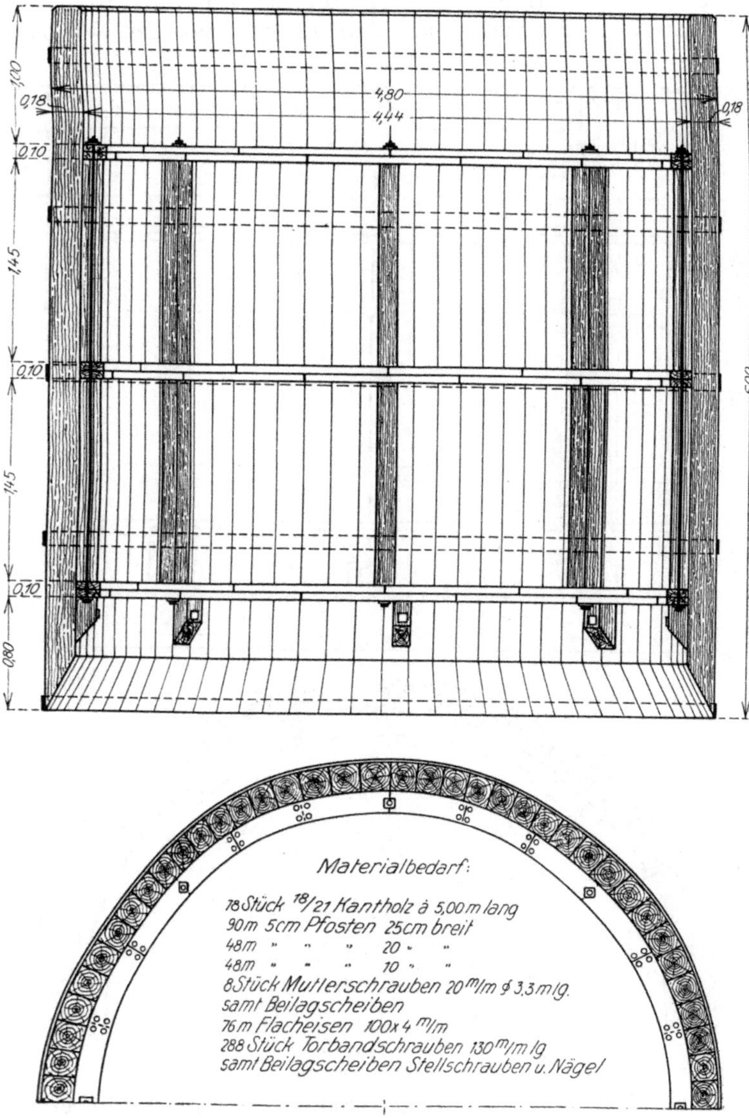
1,00
0,18
4,80
4,44
0,18
0,10
1,45
0,10
1,45
0,10
0,80
5,00
Materialbedarf:
78 Stück 18/21 Kantholz à 5,00 m lang
90 m 5 cm Pfosten 25 cm breit
48 m " " " 20 " "
48 m " " " 10 " "
8 Stück Mutterschrauben 20 m/m ∅ 3,3 m lg.
samt Beilagscheiben
76 m Flacheisen 100 x 4 m/m
288 Stück Torbandschrauben 130 m/m lg
samt Beilagscheiben Stellschrauben u. Nägel

Abb. 60

Boden zu gewärtigen hat; es richtet sich somit die Höhe und Konstruktion der Büchse nach dem zu durchfahrenden Material.

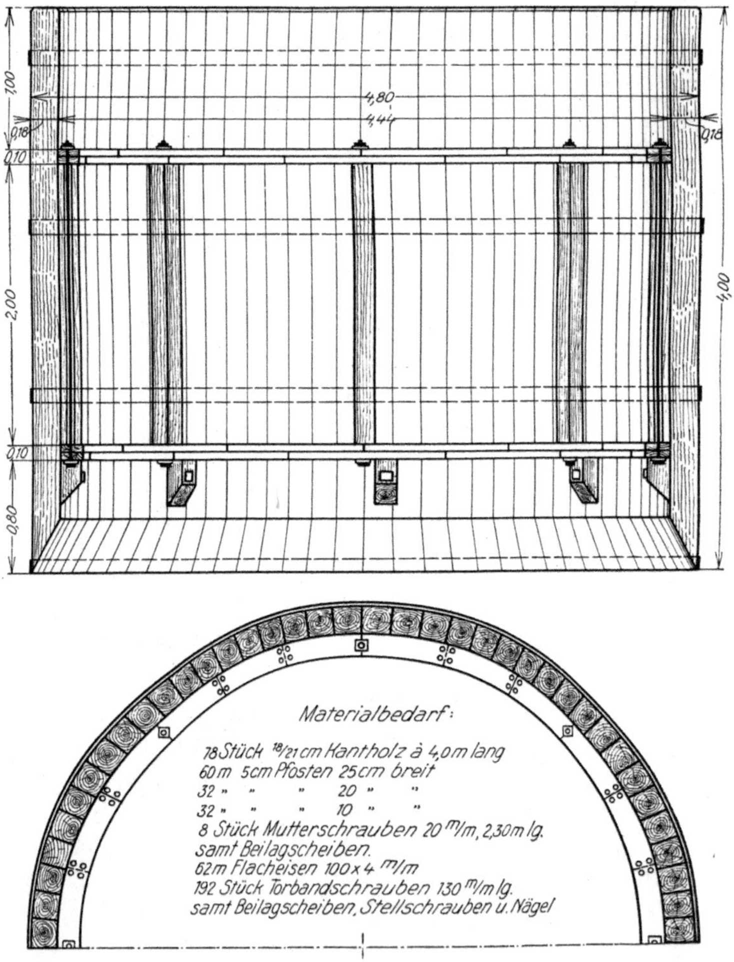

Abb. 61

Die Abb. 60 und 61 zeigen Schnitt und Draufsicht einer Maschinenbrunnenbüchse, die Konstruktion des Spannreifens und den untersten Halt für die Spannreifen mit angeschraubten fixen Keilen. Die Brunnenbüchse Abb. 60 hat eine Höhe von 5 m, somit drei Spannreifen, die Brunnenbüchse mit 4 m (Abb. 61) jedoch nur zwei Spannreifen. Die beiden Abbildungen zeigen nicht nur die Konstruktion genau, sondern bringen auch die Zusammenstellung des vollständigen Materialaufwandes für diese Büchsen. Man ersieht weiters, daß wegen der verschiedenen Höhen der Brunnenbüchsen die Stärke der Pfostenkränze, die Eisenreifen und die Stückzahl der Torbandschrauben verschieden ist. Die Anordnung der Ankerschrauben bleibt gleich. Ich verweise auch auf die photographische Aufnahme Abb. 55, die eine Büchse von 7 m mit vier Spannreifen darstellt.

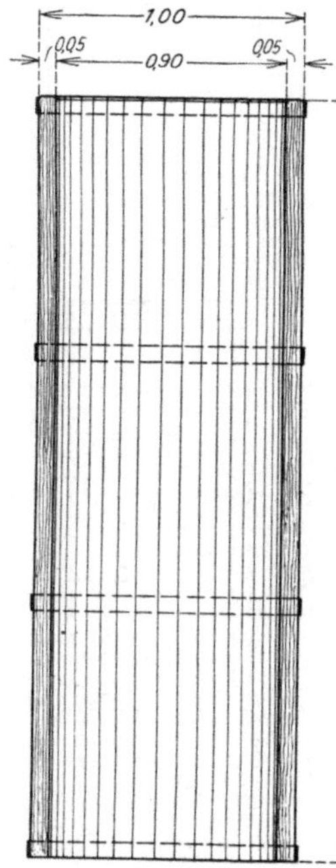

Abb. 62

h) Der Sturz

Der Sturz dient in den meisten Fällen dazu, verfaulte oder eingefallene Sperrbüchsen oder Brunnenmauerwerk mit Lücken, das noch zu halten ist, zu fangen. Der Sturz ist wie die Sperrbüchse gearbeitet (s. Abb. 62), nur fehlt an dem unteren Teil die Schneide (Spranz). Der Sturz wird in den Brunnen als vollständig fertiggestellte Büchse so tief als nötig eingelassen. Im unteren Teil wird derselbe mit Lehm oder Tegel verschmiert, um einen Zementguß geben zu können. Der Zementguß ist ein feiner Zementmörtel (M.-V. 1 : 2), der in alle Fugen eindringen soll und daher mit viel Wasser angemacht werden muß.

i) Die Teleskopbüchse

Diese besteht aus mehreren fernrohrartig ineinandergeschobenen Büchsen (s. Abb. 63). Konstruktion und Arbeitsvorgang unterscheiden sich nicht von der normalen Brunnenbüchse. Sie wird aus Lärchenholz gebaut, jede einzelne hat eine Höhe von 2 bis 4 m, ihre Dimensionen richten sich nach den Brunnen. Die zweite Büchse, die in die erste geschoben wird, ist im äußeren Halbmesser um 5 cm kleiner als der innere Halbmesser der ersten Büchse. Ebenso die dritte kleiner als die zweite usw. Diese Büchsen finden ihre Anwendung dort, wo das Wasser ständig sinkt (mitgeht) und zu leichten Grundes wegen (Rieselschotter, Schwimmsand) nicht gemauert werden kann oder bei Unglücksfällen in sandigem Boden,

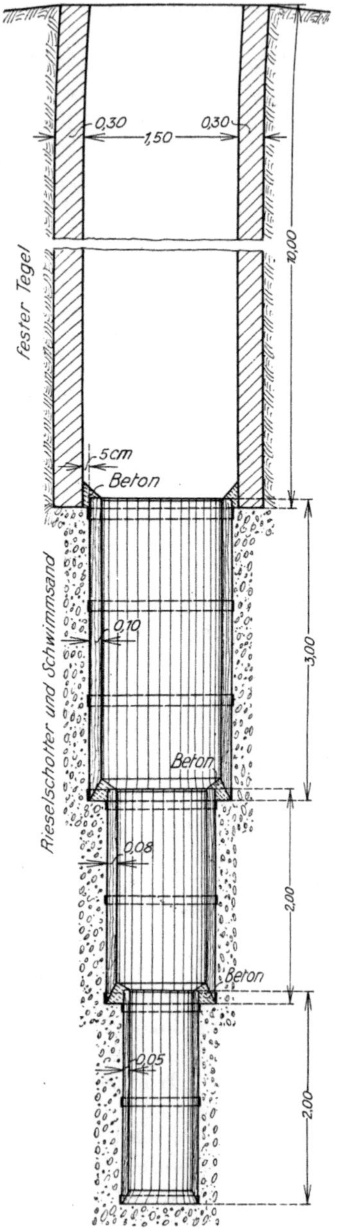

Abb. 63

wenn verschüttete Arbeiter rasch aus ihrer bedrängten Lage zu befreien sind und Pölzungen oder Mauerungen nicht angewendet werden können.

k) Die Rettungsbüchse

Es ist selbstverständlich, daß sich beim Beginne des Baues eines Brunnens außer Ziegeln, Sand, Zement usw. auch schon die normale Brunnenbüchse an der Arbeitsstätte sein soll. Sollte durch irgend einen Umstand, z. B. durch Nichteinhalten der mannshohen Eingrabung oder durch rasch einbrechenden Schwimmsand, der Brunnen zum Einsturz kommen und Arbeiter verschütten, so ist die am Platze stehende Brunnenbüchse (s. Abb. 64) sofort auf folgende Art in eine Rettungsbüchse umzuwandeln:

10 bis 15 cm über dem Spranz (Schneide) sind ein Zoll weite Löcher zu bohren, darunter kreuzweise Klammern einzuschlagen, die als Auflager für einen Stehladen (Pfosten) dienen. Dadurch wird die Möglichkeit gegeben, ein Betreten des blanken Bodens zu vermeiden, was deshalb wichtig ist, weil durch dieses Betreten der Verunglückte, dessen Lage ja unbekannt ist, noch mehr zu Schaden kommen könnte. Durch die erwähnten seitlichen Löcher werden ca. $^3/_4$ m lange, $^3/_4$ Zoll starke Eisenrohre mit Gewinde und Muffen seitlich sternförmig in das Erdreich eingetrieben und damit ein Rost geschaffen, der hinter der Büchse eine Basis bildet. Die Büchse wird nun außen mit Stroh, langen Holzspänen oder lang-

faserigem Mist hinterfüllt, um ein Nachstürzen des Erdreiches zu verhindern. Je länger die Stangen dieses Rostes sind (Abb. 108, Schnitt A—B), um so besser ist es. Man kann jetzt mit den Händen, also ohne Schaufel, höchstens mit einer Maurerkelle das auf dem Verunglückten ruhende Material herausbefördern. Dieses Material kann, um Zeit zu sparen, auf den Mist gelagert werden, da Rost und Mist ein Nachsinken des Materiales, und damit einen Druck nach abwärts verhindern. Die Roststäbe werden unter einem Winkel von 45° gegen das Lot nach abwärts seitlich in das Erdreich getrieben, so daß sich bei der Setzung der Büchse durch das Herausräumen des Materiales ein freier Raum um den Verunglückten bildet. Es läßt sich auf diese Weise eine ziemliche Tiefe mit Sicherheit ausarbeiten. Dabei ist angenommen, daß das obere Mauerwerk gutgearbeitete Gurte hat und sicher hält. Um aber die Gefahr eines Nachrutschens hintanzuhalten, muß der Raum zwischen dem Mist und der letzten bestehenden Gurte hinterfüllt, bzw. kann schon auf dem Mist eine in Eisenreifen gestellte Gurte (Rutschgurte) verwendet werden. Diese hier beschriebene Rettungsbüchse hat sich bei Unglücksfällen im Brunnenbau zu wiederholten Malen sehr gut bewährt.

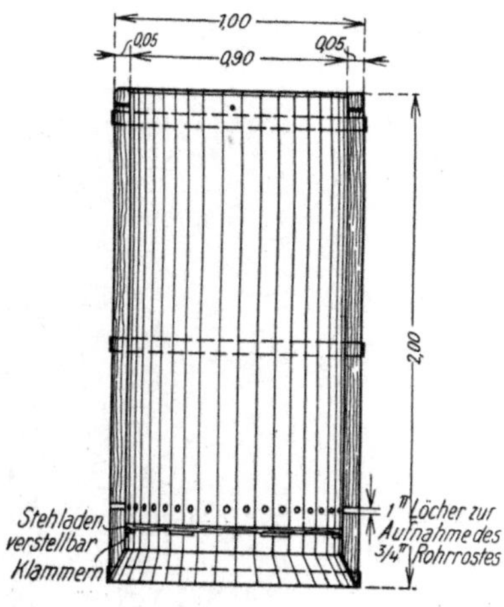

Abb. 64

Ich will anschließend beschreiben, wie ein solcher Brunnen trotz des Malheurs wieder seinem Zwecke zugeführt werden kann. Ist der Verunglückte glücklich aus dem Brunnen herausbefördert, so trifft man die Vorbereitung zur Weiterarbeit wie folgt: Man füllt den Hohlraum, der sich bei der Bergung ergab, mit gröberem Schotter bis zum Ende der Rettungsbüchse an. Dann werden die Roststäbe (Nadeln) entfernt, die Büchse wird geschlitzt und nach dem Schlitzen ebenfalls mit Schotter angefüllt, sodann daubenweise gerissen. Wenn alle Dauben entfernt sind, kann man den Brunnen durch eine kleine Erweiterung bis zur eingefallenen Mauer durch Stellen von Gurte auf Gurte erweitern, also flaschenförmig abteufen.

Die Ausbesserung kann auch auf eine zweite Art durchgeführt werden. Man kann nach Bergung des Verunglückten auf den festen Boden eine solide Gurte mit sehr wässrigem Einguß stellen und darauf das Mauerwerk bis zu der Büchse aufmauern. Dieser fertiggestellte Teil kann nun abgedeckt, die Büchse provisorisch anstatt mit Schotter mit Ziegelmauerwerk bis zu ihrer vollen Höhe ausgelegt werden. Hierauf wird die Büchse nach vorhergehender Schlitzung wie früher beschrieben gezogen und nun von oben aus mittels Gurte auf Gurte und gleichzeitigem Abtragen des provisorischen Mauerwerkes die Verbindung mit der am Boden gestellten Gurte hergestellt. Da der Mist in diesem Falle hinter der Mauer nicht entfernt werden kann, ist der erst beschriebene Vorgang aus hygienischen Gründen vorzuziehen.

Abb. 65

l) Versuche mit Betonbüchsendauben

Ich habe den Versuch gemacht, die hölzernen Büchsendauben durch in entsprechenden Formen hergestellte Eisenbetondauben zu ersetzen und dieselben wie die hölzernen Dauben einzutreiben. Dieser Versuch wurde für verschiedene Büchsenhöhen und -durchmesser gemacht. Es wurde auch getrachtet, zwischen den Fugen eine Bindung mit Flach- und U-Eisen herzustellen. Die Versuche mißlangen. Es ging wohl im Anfang bis zu einer Tiefe von 1 m, bei mancher Daube auch bis zu 2 m. Wie aber eine Tiefe von 3 m geschlagen werden sollte, Großsteine kamen (Dolomitgrus), ging jede Daube für sich, verließ die Richtung und knickte ab. Das kommt bei der Lärchenholzbrunnenbüchse fast nie vor. Außerdem machte auch die Dichtung der Fugen Schwierigkeiten, während bei Holzdauben das Quellen (Anschwellen) des Holzes an und für sich schon zum Schließen der Fugen beiträgt.

m) Der Versenkkranz aus Kantholz

Der Versenkkranz findet meist bei großen Brunnen, die zur Wasserversorgung von Städten, Fabriken usw. dienen, als Unterlage für das aufzubauende Mauerwerk seine Anwendung. Er wird aus starken Kanthölzern (10″/12″) 1 m hoch, je nach Brunnentiefe und Mauerstärke dimensioniert, doppelt gedüppelt, mit starken äußeren Eisenreifen hergestellt. Der äußere Kranz bekommt zur Unterstützung noch einen inneren, angedüppelten Kranz. Je nach dem Durchmesser sind vier bis fünf, auch sechs Treibkeile mit Schub vorgesehen, um dem zusammengestellten Kranz durch Eintreiben der Keile eine solche Festigkeit geben zu können, daß

Abb. 66

das Mauerwerk beim Versenken keine Bewegung machen kann. Aus den photographischen Abbildungen 65 bis 67 ist die Konstruktion eines solchen Kranzes zu ersehen. Die Holzklötze werden untereinander durch die durchlöcherten Eisenreifen, deren Schrauben durch den ganzen Kranz gehen, und durch die Düppeln innig verbunden. Es kommen auch je nach dem Durchmesser des Kranzes bzw. Brunnens Ankerschrauben zwischen Kranz und Ankerkranz (3 m hoch) zur Verwendung (s. Abb. 72), die dem zwischen Ankerkranz und Kranz befindlichen Mauerwerk eine Versteifung geben, wodurch beim Absenken Risse im Mauerwerk vermieden werden.

Kranz und Ankerkranz erhalten am Umfang eine gemeinsame Holzschalung, die am Ankerkranz angenagelt, am Stöckelkranz an einer Ausfasung befestigt wird.

Diese Schalung dient dazu, die Reibung beim Versenken des Brunnens zu vermindern und Beschädigungen des Mauerwerkes zu verhindern. Der Kranz selbst hat die Form eines Kegelstumpfes, bei dem der unterste Durchmesser um 10 bis 20 cm größer als der oberste ist. Der Versenkkranz bildet das Fundament für das Mauerwerk (den Mantel), daher muß derselbe genau dimensioniert, sicher und gut gearbeitet sein, um bei ungleicher Bodenbeschaffenheit eine Trennung hintanzuhalten. Wenn sich bei der Versenkung ein Hindernis zeigt, muß die Sohle des Brunnens an dieser Stelle durch Gräbler gelockert werden. Je

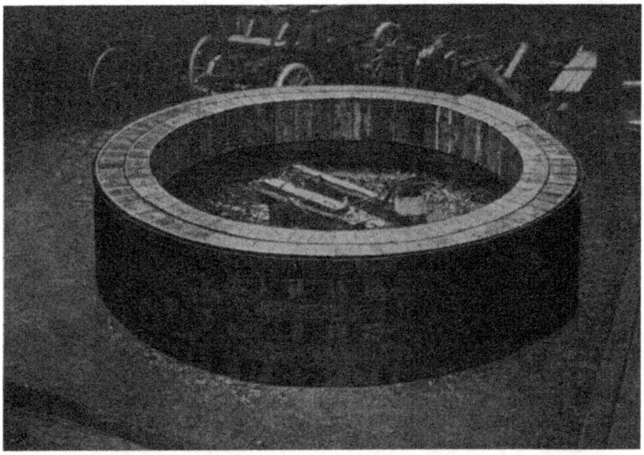

Abb. 67

gleichmäßiger die Gräbelung vorgenommen wird, um so besser ist der Brunnen in die Tiefe zu bringen. Einseitiges Arbeiten erzeugt im Mauerwerk Risse, die zwar bei Brunnen mit Ziegelmauerwerk wieder binden, jedoch bei Betonbrunnen bestehen bleiben. Dadurch leidet auch die Sicherheit beim Versenken; es kann Sand mit Wasser oder schlechtes Oberwasser eindringen, das Brunnenwasser verunreinigen u. dgl. m. Ziegelmauerwerk als Mantel bei Versenkbrunnen gibt also die Gewähr, daß sich Risse bei Gleichstellung durch Räumung wieder schließen. Da außerdem der Ziegel, der aus gebranntem Lehm (Ton) besteht, an und für sich ein guter Filter ist, wird der Ziegelmauerwerks-Versenkbrunnen bei Trinkwasserbeschaffung bevorzugt.

Abb. 68 zeigt einen 30 m tiefen Versenkbrunnen von 3 m Lichtweite mit Kantholzkranz und drei Verankerungen, der für eine

Brauerei in Wien erbaut wurde. Nachdem der Brunnen verschiedene Gebirge aller Festigkeiten, in der Hauptsache aber Tegel, durchfahren hatte, zeigte sich plötzlich Rieselschotter und Schwimmsand. Der Brunnen wurde auch durch diese Schicht durchgeführt, wobei natürlich der Rieselschotter beim Versenken in den Brunnen eindrang. Mittels Sperrbüchse wurde weitergearbeitet. In der Tiefe von zirka 35 m kam starkes Wasser (Wasserstand zirka 6 bis 7 m). Durch irgendwelche Umstände senkte sich der Grundwasserspiegel (durch Selbsterschöpfung oder Einwirkung der Nachbarbrunnen) auf kaum 2 m. Durch eine Visitierbohrung fand man unter der Sohle des Brunnens eine 1 m starke fette Tegelschicht. Nun trieb man eine 3 m hohe, 7,5 cm starke Sperrbüchse mit 1,85 m lichtem Durchmesser ein und hatte das Glück, das Wasser abzusperren. Nach der Absperrung des Wassers wurde im Innern der Büchse das noch vorhandene Wasser ausgeschöpft, eine Gurte gestellt und ein Brunnen mit 1,25 m Lichtweite, mit einer 30 cm starken Mauerung in Zementmörtel, mit Gurten bis auf zirka 55 m abgeteuft. Es war nun zu erwarten, daß

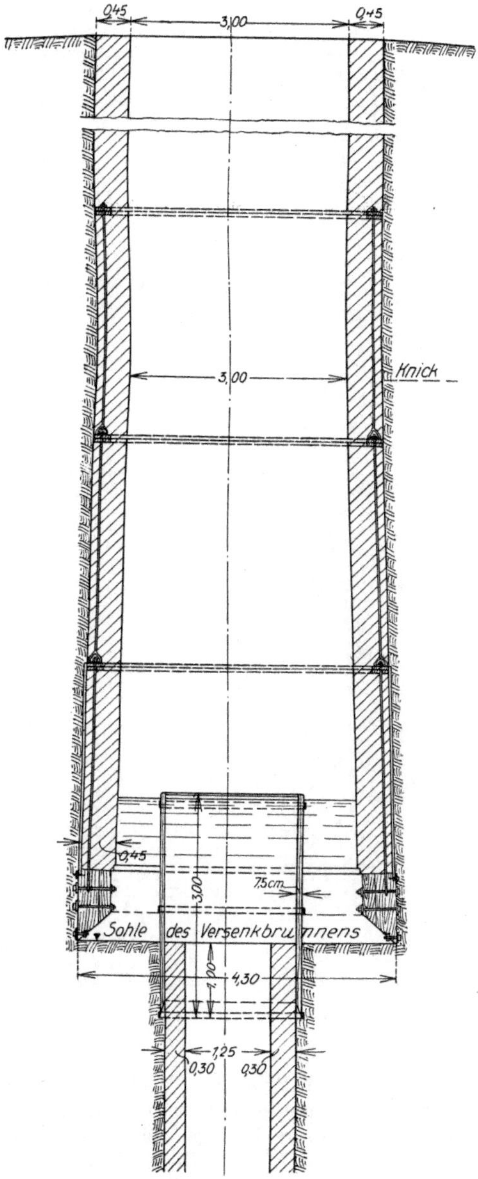

Abb. 68

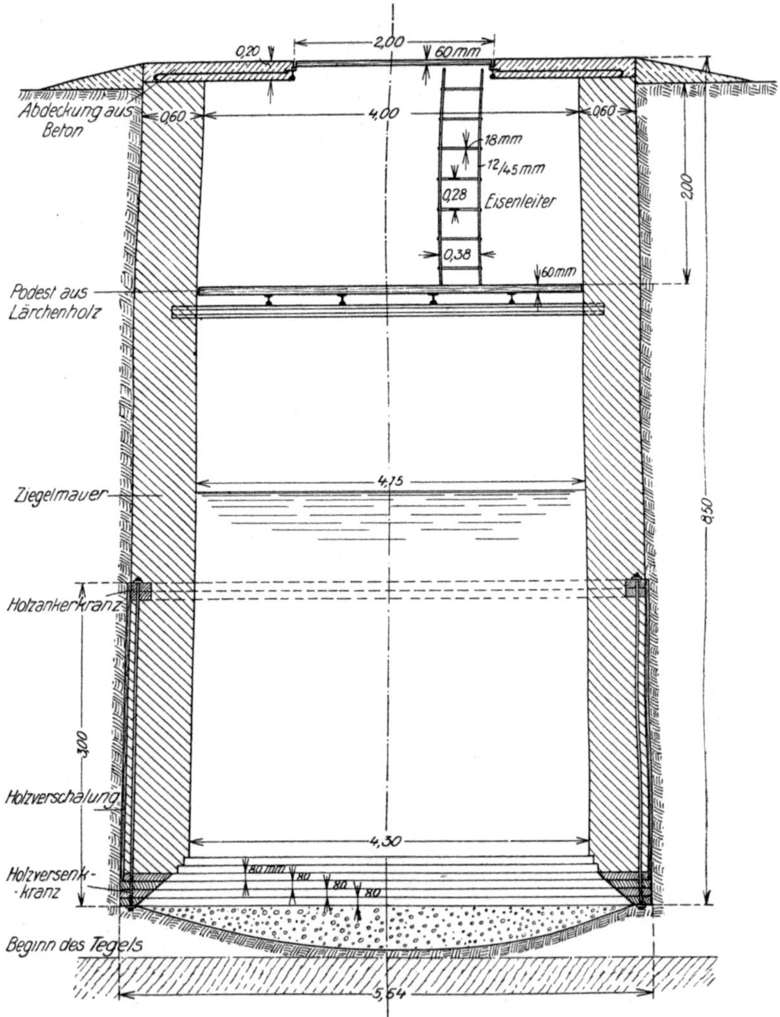

Abb. 69

Wasser mit Auftrieb den Tegel durchbrechen werde. Die Mauerung wurde zu Ende geführt und sodann dem Wasser mittels Großschneckenbohrers Luft gemacht. Dieses Wasser stieg bis auf zirka 8 m unter das Niveau. Dieser Umstand brachte jedoch den Versenkbrunnen etwas zum Sinken und knickte ihn trotz der Verankerung etwas ein, wie in der Abbildung angedeutet ist. Der Brunnen funktionierte tadellos.

Abb. 69 stellt einen fertigen Versenkbrunnen mit einer Tiefe von 8,50 m und einer beiläufigen Wasserhöhe von 4 m dar. Fundament dieses Versenkbrunnens ist ein Pfostenkranz mit Verankerung in einer Höhe von 3 m. Die Mauerstärke wurde mit 60 cm angenommen, um die Tiefe von 8,50 m bei einem Wasserstand von 4 m anstandslos erreichen zu können. Der Brunnen kam 50 cm über dem Tegel zum Stehen, die Sohle wurde mit kleinem Schotter belegt. Weiters zeigt der Brunnen einen Podest, sowie Leiter und Abdeckung aus Holz in Eisenrahmen und einer ganzen Abdeckung aus armiertem Beton mit Aufschüttung rings um den Brunnen zur Abwehr des Eindringens von Tagwässern. Der Brunnen diente für Feuerlöschzwecke. Der Wasserstand war wechselnd. Eine Diagrammskizze (s. Abb. 70) macht die Schöpfperioden und Ruhepausen ersichtlich und zeigt die Liefermöglichkeit des Brunnens. Die tiefste Abschöpfung bei einer Entnahme von 2800 l ergab 57 cm Senkung.

Abb. 71 stellt einen Brunnen für eine Wasserstation in Mähren dar, der auf eine Tiefe von 9 m in Schotter mit einem Wasserstande von 5 m abgeteuft wurde. Die Konstruktion ist ähnlich der in Abb. 73, jedoch ohne Verstärkung, da der Boden leicht zu durchfahren war. Um Knickungen zwischen Kranz und Mauerung zu vermeiden, wurden Hilfsankerschrauben mit Eisenplatten vorgesehen. Wäre durch die Sondierung eine größere Tiefe vor-

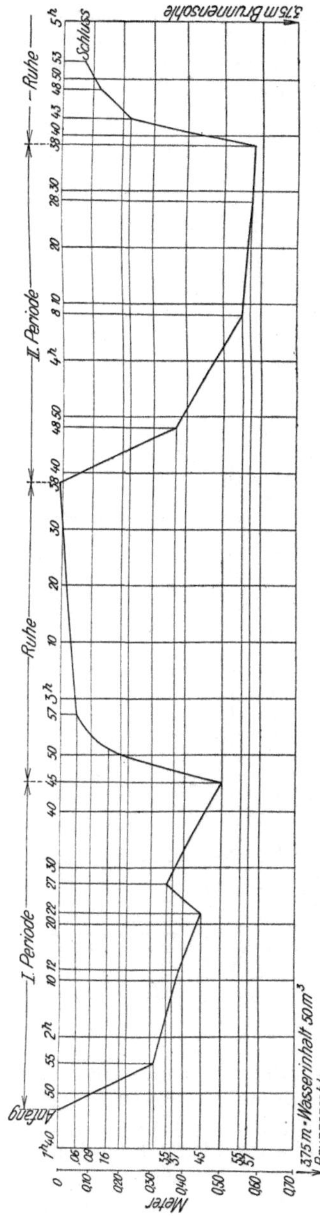

Abb. 70

gefunden worden, hätte man einen doppelten Ankerkranz und außerdem einen Beschlag um den Kantholzkranz geben müssen. Die Lieferung des Wassers ist bis zum heutigen Tage gleichmäßig geblieben.

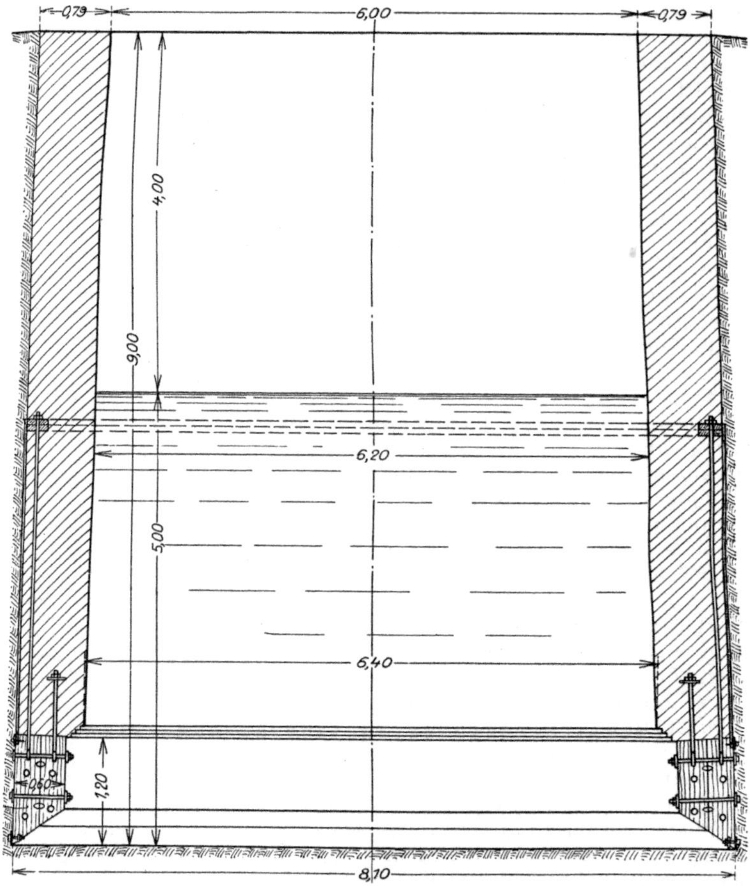

Abb. 71

Abb. 72 zeigt einen Versenkbrunnen, welcher in lockerem, laufendem Schotter erbaut wurde. In der Annahme, daß der Schotterdruck bei einer Tiefe von 12 m sehr stark sein werde, stellte man den untersten Teil mit 75 cm Mauerung her. Wegen des lockeren Zusammenhanges des Schotters ließ sich der Brunnen leicht versenken, so daß man den oberen Teil nur mehr in 60 cm Stärke aufbaute. Dieses Ge-

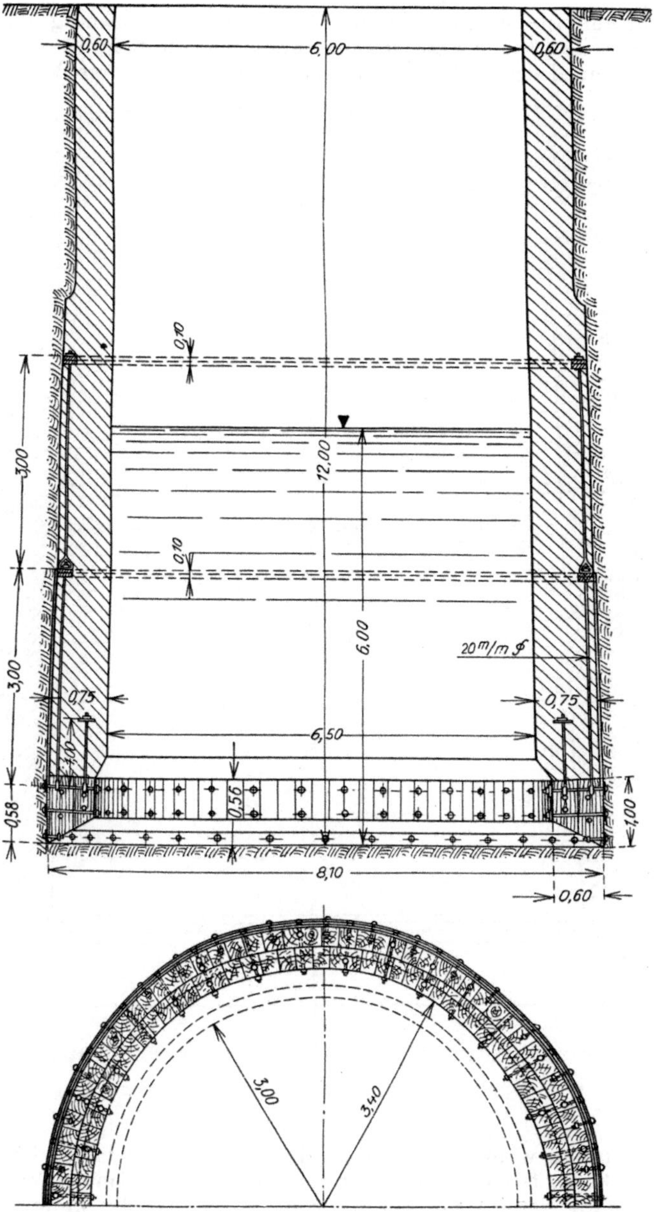
0,60
6,00
0,60
0,10
12,00
3,00
0,10
6,00
20 m/m ∅
3,00
0,75
0,75
6,50
1,00
0,56
0,58
1,00
8,10
0,60
3,00
3,40

Abb. 72

wicht genügte, um die Tiefe von 12 m bei 6 m Wasserstand glatt zu erreichen. Der Brunnen erhielt zwei Verspannungen, da in diesem leichten Material ein Reißen des Brunnens zu befürchten war. Vorstehen-

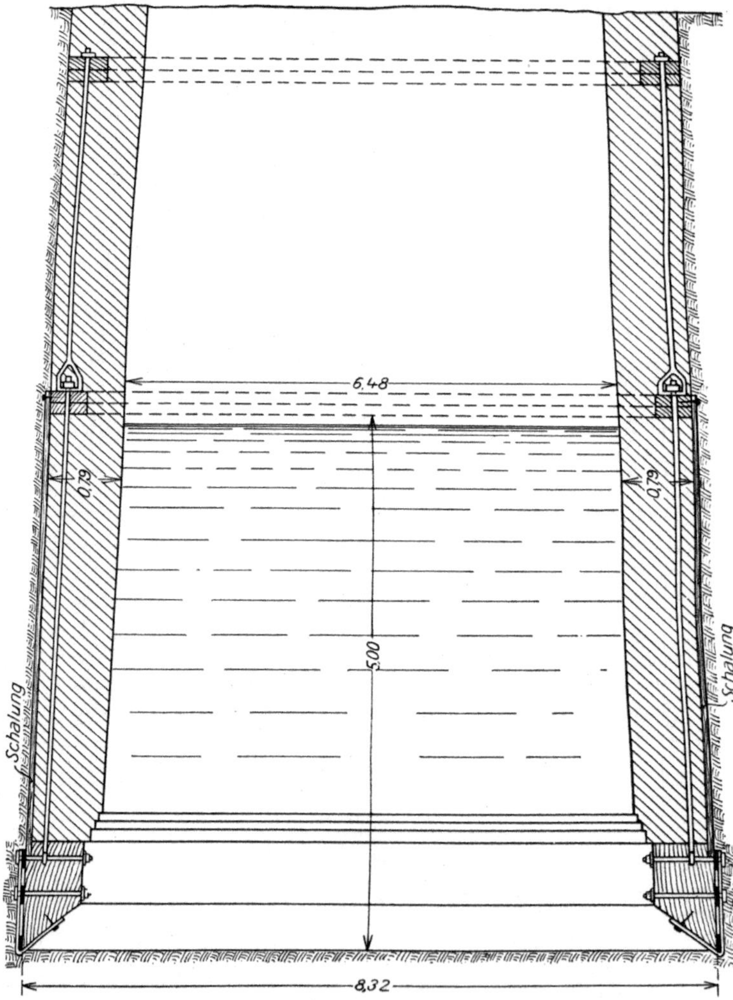

Abb. 73

der Brunnen wurde für einen großindustriellen Betrieb in Niederösterreich erbaut. Die Abbildung zeigt auch die Konstruktion des Versenkkranzes mit der doppelten Verankerung wegen der großen Mauerstärke.

Abb. 73 zeigt einen Versenkbrunnen mit einem 8,32 m weiten untersten Schneidedurchmesser, einem inneren mittleren Durchmesser von 6,48 m. Er wurde in einer Mauerstärke von 79 cm mit doppelter Verankerung hergestellt. Wegen der nicht geringen Tiefe von ca. 19 m wurde außen zu seiner Verstärkung außer den drei Reifen noch ein nach innen aufgebogenes Eisengerippe zur Verstärkung der Schneide gegeben. Das zu durchfahrende Material war verschieden. Der Wasserstand wurde 5 m tief angenommen und vorgefunden. Die Lieferung des Brunnens, der für eine Stadtbewässerung diente, betrug 5000 cbm in 24 Stunden. Wegen der großen Tiefe, die durchfahren werden mußte bzw. um die Reibungswiderstände zu überwinden, mußte das Mauerwerk 79 cm stark gemacht werden.

n) Der Pfostenkranz

Der Pfostenversenkkranz (s. Abb. 18 und 69) bildet ebenso wie der Kantholzkranz das Fundament für den Mauermantel des Versenkbrunnens, aber nur für geringe Tiefen und sehr leichten Boden, wie Rieselschotter, leichten Schotter mit Sand oder Sand selbst. Die über dem Pfostenkranz befindlichen Ankerkränze sowie Ankerschrauben sind genau so angeordnet wie beim Kantholzversenkkranz, jedoch hat der Pfostenversenkkranz keine Eisenreifen. Er besteht aus felgenartig übereinandergelegten Pfostenkränzen (je nach Bedarf zwei bis fünf Lagen), welche, in sich verschraubt, nach unten immer schmäler (schneidiger) werden. Der letzte unterste Pfostenkranz kann auch mit einem Winkeleisenreifen bewehrt werden (s. Abb. 11, S. 13), um das Eindringen in das Erdreich zu erleichtern. Die Versenkung geschieht, wie bei allen Arten von Versenkbrunnen, durch Rauben der Basis an der Sohle des Brunnens. Es muß darauf gesehen werden, daß keine zu großen Ausleerungen hinter dem Mauermantel vorkommen, da sonst Ungleichheiten bei der Absenkung und dadurch Spannungen im Mauerwerk entstehen würden.

Da die Herstellungskosten des Pfostenkranzes billiger als die der Stöckelkränze sind, werden die Pfostenkränze bis zu einer Tiefe von 6 bis 7, auch 8 m vorgezogen. Für voraussichtlich größere Tiefen müssen jedoch unbedingt Stöckelkränze ausgeführt werden.

o) Der gußeiserne Versenkkranz

Dieser besteht aus einzelnen gußeisernen Elementen, die unter sich zu einer Einheit verschraubt werden. Er hat sich aber selbst für Industriezwecke nicht ganz bewährt.

p) Podeste und Leitern

Nach Fertigstellung des Brunnens werden in die Brunnen zur sicheren Besteigung für Ausbesserungen usw. Leitern mit Ruheplätzen als Unterbrechungen (Podeste) eingebaut. Die Podeste werden jedoch nicht nur als Ruheplätze, sondern auch als Unterlage für einzubauende Pumpen benutzt.

Bei seichten Brunnen wird der Podest, bestehend aus (Traversen) Trägern mit Lärchenholzbelag, 1 m über dem höchsten Wasserspiegel eingebaut. Brunnen mit Podest haben auch fixeingebaute eiserne Leitern. Steigeisen sind nach Möglichkeit zu vermeiden.

Bei tiefen Brunnen werden Podeste je nach der Tiefe in Abständen von 4 bis 7 m angeordnet. Podeste und Leitern sind in den einzelnen Abständen abwechselnd auf der einen und auf der anderen Seite gestellt, so daß ein in den Brunnen Stürzender nie die ganze Tiefe als Abgrund vor sich hat. Bei großen Maschinenbrunnen nehmen die Podeste zwei Drittel des Brunnendurchmessers ein, so daß das offene Drittel für den Verkehr als Aufzugsschacht für Werkzeuge, die Steigleitung, Gestänge, Pumpenrohre, elektrische Kabeln, Blitzableiter usw. freibleibt. Die Podeste werden mit minisiertem Geländer aus Schmiedeeisen versehen. Holzpodeste zu streichen ist schlecht, da durch das Abtropfen der Zwischenwässer der Anstrich auswittert und dadurch das Brunnenwasser verunreinigt. Es ist daher zweckmäßig, ober dem Wasserspiegel einen vollständig geschlossenen, mit Leisten versehenen Podest einzubauen, damit keine Verunreinigungen zum Wasser kommen können.

Abb. 74 zeigt einen Tiefbrunnen mit 27 m. Der Brunnen wurde flaschenförmig mit einer 30 cm starken Mauerung und einem lichten Durchmesser von 1,80 m auf einen Durchmesser von 2,50 m erweitert. In der Tiefe von 27 m wurde beim Durchbruch einer Steinplatte aufsteigendes Wasser gefunden, welches eine Höhe von 5 m ab Sohle erreichte. Da eine Tiefpumpe mit ausziehbarem Gestänge eingebaut werden sollte, wurde in einer Tiefe von 2,74 m der erste Podest zur Aufnahme eines Vorgeleges eingebaut. Ab diesem Podest auf 9 m wurde ein zweiter für die Befestigung der Pumpenrohre vorgesehen. 6 m von der Sohle aufwärts wurde ein vollständig abgedeckter Podest hergestellt, um das Wasser vor herabfallendem Schmutz zu schützen. Die Leitern wurden abwechselnd auf der einen und anderen Seite der Podeste angeordnet. Der Brunnen wurde für die Trinkwasserversorgung einer Ortschaft Mährens hergestellt.

Der 70 m tiefe Brunnen der Abb. 75 mit einem inneren Durchmesser von 2 m mußte mit Podesten versehen werden, da der Brunnen eine elektrisch betriebene Pumpe erhalten sollte. Die Podeste wurden

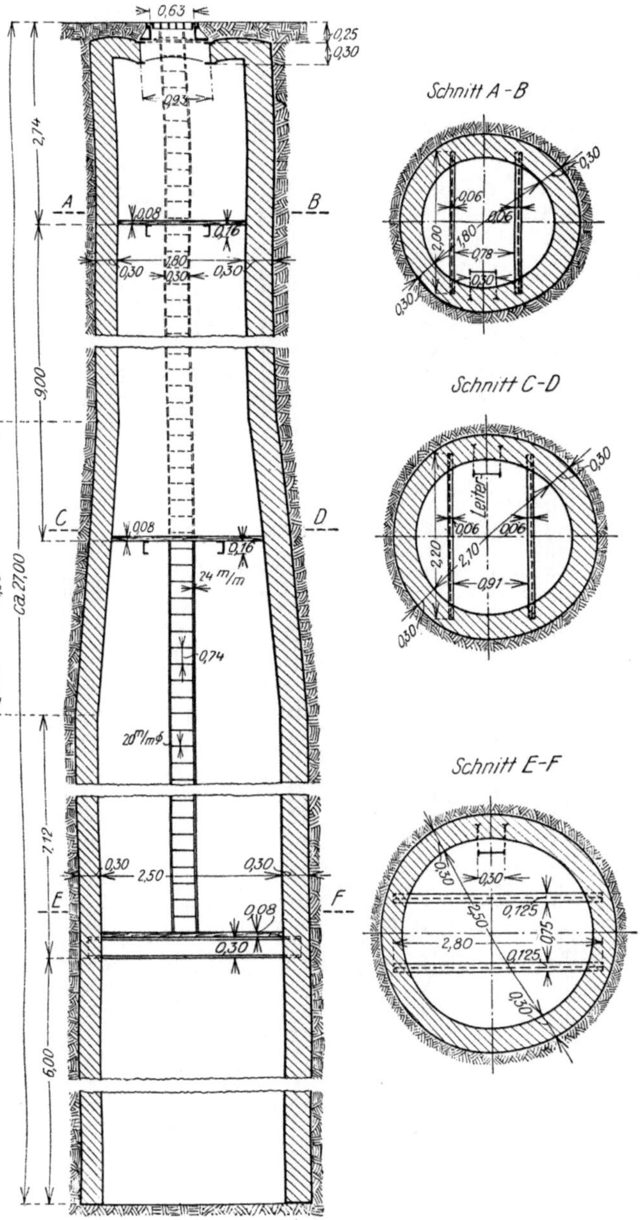

0,63
0,25
0,30
0,93
2,74
A
B
0,08
0,16
1,80
0,30
0,30
0,30
9,00
4,00
ca.27,00
C
D
0,08
0,16
24 m/m
0,74
20 m/m ϕ
7,12
0,30
2,50
0,30
E
F
0,08
0,30
6,00
Schnitt A-B
0,30
0,06
0,06
2,00
1,80
0,78
0,30
0,30
Schnitt C-D
0,30
Leiter
0,06
0,06
2,20
2,10
0,91
0,30
Schnitt E-F
0,30
0,30
2,50
0,125
0,75
2,80
0,125
0,30

Abb. 74

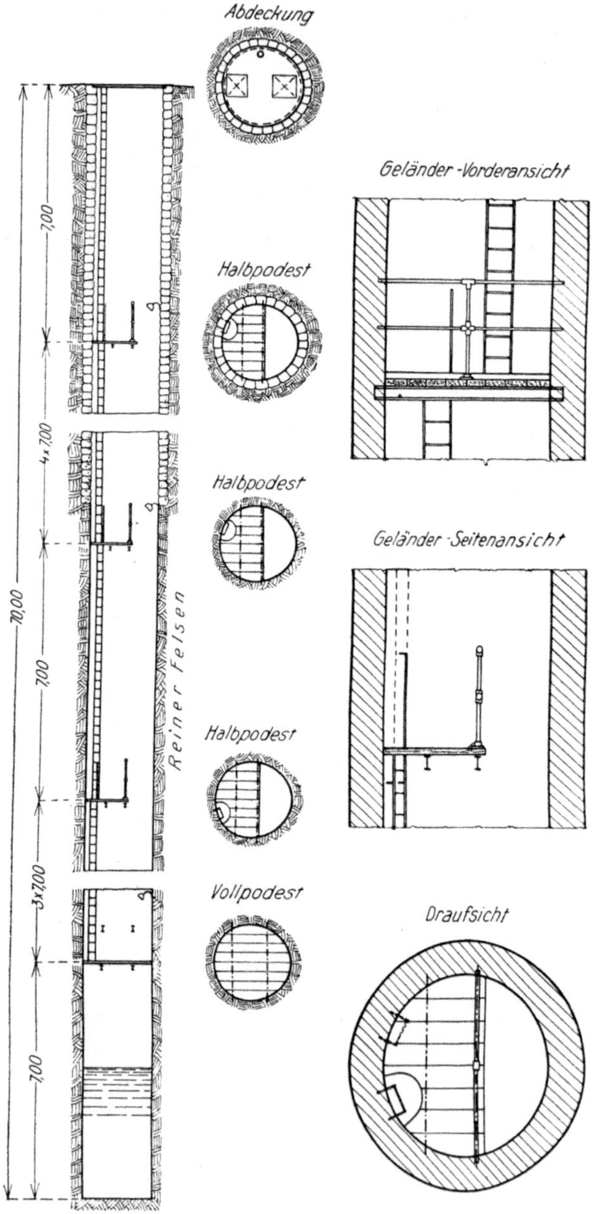
Abdeckung
Halbpodest
Halbpodest
Halbpodest
Vollpodest
Geländer-Vorderansicht
Geländer-Seitenansicht
Draufsicht
Reiner Felsen
7,00
4×7,00
70,00
7,00
3×7,00
7,00

Abb. 75

von 7 zu 7 m angeordnet. Im ganzen wurden neun Podeste eingebaut. Der Brunnen war bis zu einer Tiefe von 35 m mit Steinen ausgemauert, von dort ab in Fels gebrochen, der jedoch zum Schutz gegen Verwitterung einen Betonüberzug erhielt. Die Podeste nehmen abwechselnd links und rechts die Leitern auf. Jeder Podest hat ein eisernes Geländer aus Schmiederohren und Schmiedeeisenleitern zum Besteigen. Jeder Podest ist für sich abgegrenzt. Die Podeste wurden nur wenig über die Mitte des Brunnens voll abgedeckt, der offene Teil verblieb für die elektrischen Licht- und Kraftleitungen sowie für die Steigleitungen und diente außerdem zum Aufziehen der verschiedenen Gegenstände. Diese Podeste nennt man Halbpodeste, während oberhalb des Wasserspiegels ein Vollpodest liegt. Außerdem wurden 1 m über dem Vollpodest zwei Traversen als Fundament für die Pumpe eingebaut. Der Brunnen befindet sich in der Nähe von Kronstadt in Rumänien. Der Brunnen ist mit 15 cm eisenarmiertem Beton und zwei 60 × 60 cm schmiedeeisernen Deckeln abgedeckt. Ein Deckel dient zum Besteigen des Brunnens, während der zweite Deckel für den Aufzug in Betracht kommt.

Abb. 76 zeigt uns ebenfalls einen Brunnen mit vorbeschriebenen Podesten. Man sieht im Schnitt A—B die Öffnung im Podest linksseitig, im nächstfolgenden Schnitt C—D die Öffnung auf der rechten Seite, so daß der den Brunnen Besteigende gezwungen ist, sich am Podest auszuruhen. Der Podest hat ein Geländer und eine Stoßleiste, die den Besteigenden beim Ausgleiten vor dem Absturz schützen. Er kann bei dieser Anordnung, ganz gleich, ob der Mann von der Leiter oder von dem Einsteigloch des Podestes abgleitet, nie bis in die Tiefe des Brunnens, sondern nur auf den nächsten Podest fallen. Schnitt E—F stellt einen vollständig abgedeckten Podest mit einer ganz kleinen Öffnung für die Aufnahme des Saugers dar. Unter diesem Podest hat außer dem Brunnenmacher n i e m a n d etwas zu tun. Der Brunnen dieser Abbildung ist von 1,25 m innerem Durchmesser oben, auf 2 m innerem Durchmesser unten erweitert, mit einer 2 m hohen Büchse. Der Brunnen hat im Sommer durchwegs 2 m Wasserstand, während sein höchster Wasserstand im Februar 5,20 m beträgt. Der Brunnen wurde für Industriezwecke in Wien erbaut.

Abb. 77 zeigt uns zum Unterschied von den vorherigen Beispielen statt der Podeste und Leitern eine Schneckenstiege. Es handelt sich um einen 3 m lichtweiten Brunnen für einen Gutsbesitz in Ungarn mit 45 cm starker Mauer, mit einer Übermauerung über die Kellersohle. Am obersten äußeren Rande des Brunnens wurde ein Träger für einen Laufkran eingebaut, um die Montage der sehr schweren Pumpe zu erleichtern. Die Schneckenstiege reicht bis zum untersten Abschluß des Brunnens über dem Wasserspiegel. Mit einer 5 m hohen Büchse wurde ein Wasserstand von 4,90 m erzielt. Im Schnitt A—B ersieht man eine eiserne Türe als Abschluß mit einer Vortreppe zum leichten Besteigen des Brunnens, ferner das Geländer sowie eingebaute Nischen, die zum Ausweichen beim Besteigen des Brunnens durch mehrere Personen dienen.

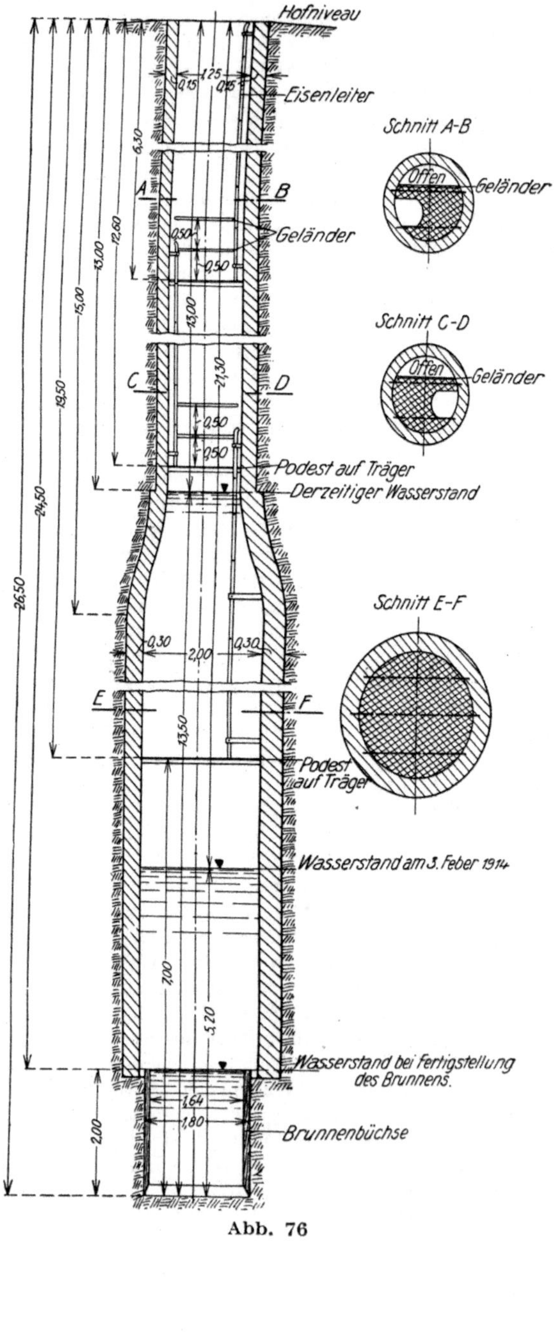
Hofniveau
Eisenleiter
Schnitt A-B
Offen
Geländer
Geländer
Schnitt C-D
Offen
Geländer
Podest auf Träger
Derzeitiger Wasserstand
Schnitt E-F
Podest auf Träger
Wasserstand am 3. Feber 1914
Wasserstand bei Fertigstellung des Brunnens.
Brunnenbüchse

Abb. 76

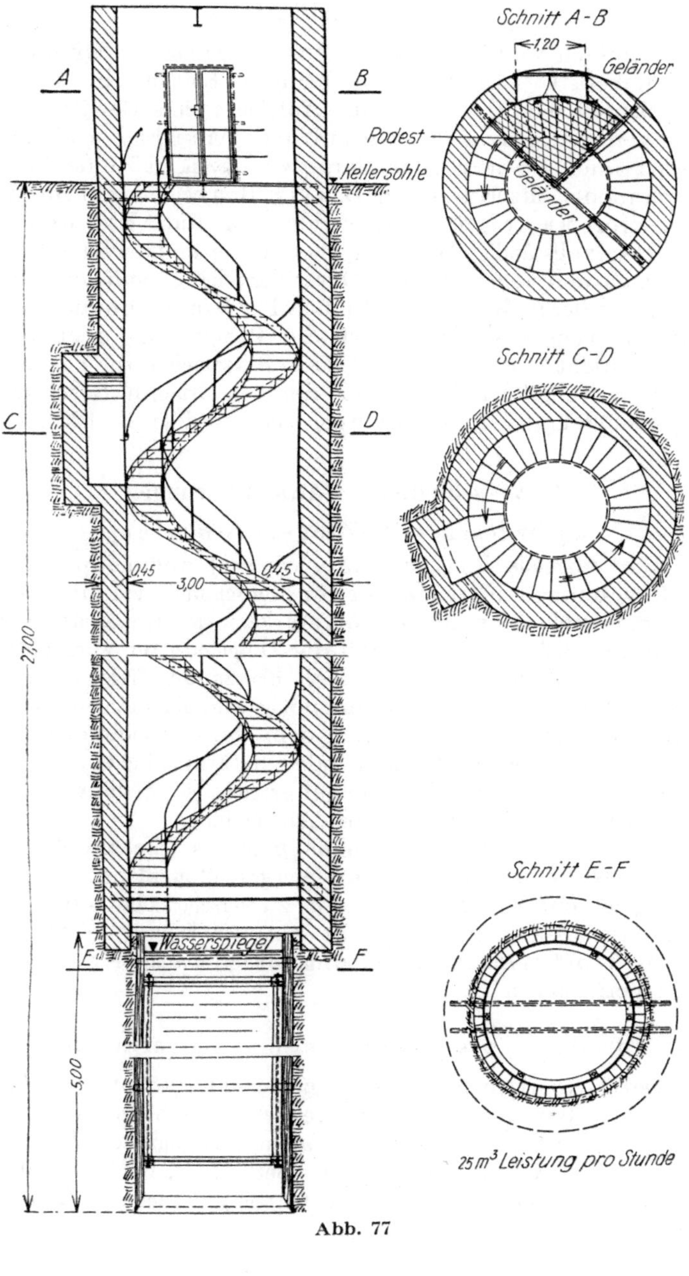

Schnitt A-B
1,20
Geländer
Podest
Geländer
A
B
Kellersohle
C
D
Schnitt C-D
0,45
3,00
0,45
27,00
Schnitt E-F
Wasserspiegel
E
F
5,00
25 m³ Leistung pro Stunde

Abb. 77

r) Blitzableiter

Vielfach wird der Brunnen zur Erdleitung für Blitzableiter der nebenstehenden Gebäude benützt. Enthält ein Brunnen eine Blitzableitung, so ist beim Aufziehen eines Gewitters eine Brunnenbesteigung nicht zu gestatten. Ferner ist bei einem zu erwartenden Gewitter dafür Sorge zu tragen, daß eine herausgenommene Blitzplatte, die z. B. beim Brunnenreinigen im Wege war, sofort wieder in das Wasser eingehängt wird. Erst wenn das Gewitter vollständig abgezogen ist, kann man die Platte wieder entfernen und weiterarbeiten. Der Blitzableiter muß im übrigen direkt mit der im Wasser befindlichen Platte innig verbunden sein; zur Ableitung des Blitzes darf die Pumpensaug- oder Steigleitung nicht benützt werden. Der Blitzableiter ist bei engen Brunnen isoliert anzulegen, daß der den Brunnen Besteigende keiner schädigenden Wirkung ausgesetzt wird (s. S. 129).

6. Verschiedene Bauausführungen

a) Brunnen mit Ziegelausmauerung

Der normale Brunnen (Hausbrunnen) wird hauptsächlich zur Gewinnung von Trinkwasser für Mensch und Vieh mit 1,10 m lichtem Durchmesser und 15 cm starkem Mauerwerk abgeteuft (s. Abb. 1, S. 3). Er wird je nach der Umgebung zur Vermeidung von Verunreinigung im oberen Teil bis zu 2 m Tiefe verstärkt in Zementmörtel gemauert, wenn nötig wird überdies außen ein Lehmschlag angeordnet. Je nach dem Grunde (Gebirge) erfolgt die weitere Mauerung trocken oder in hydraulischem Mörtel, bis der örtliche Grundwasserspiegel erreicht ist. Sodann kommt die normale Brunnenbüchse in Anwendung.

Die Abdeckung des Brunnens muß aus Lärchenholz oder besser aus Beton sicher und gut hergestellt werden. Die Umgebung ist mit Pflaster oder Beton zu versehen und soll erhöht sein, damit die Tagwässer leicht ablaufen können; ebenso ist für das Tropfwasser eine Ableitung mittels glasierter Steinzeugrohre herzustellen.

b) Bau eines Brunnens mit Betonringen

Der Betonringbrunnen wird und kann nur bis auf die Tiefe von 7 bis 10 m durch sein Eigengewicht in leichtem Boden abgesenkt werden. Er stellt einen kleindimensionierten Versenkbrunnen aus aufeinandergesetzten Betonringen dar, die durch einen Falz verbunden sind. Diese Gattung Brunnen muß wegen

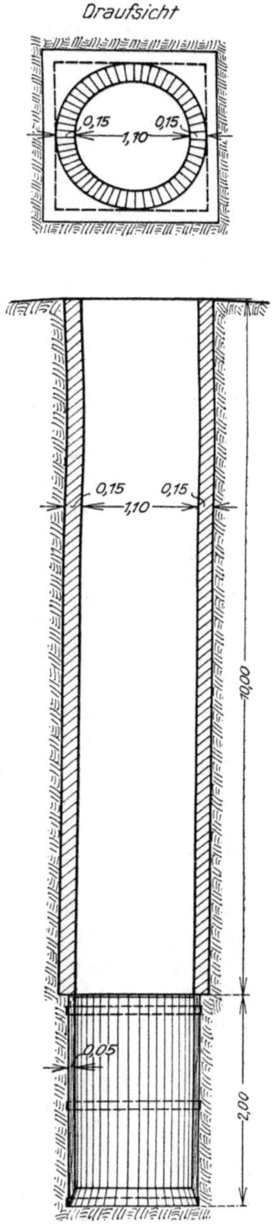

Abb. 78

der Gefahr des Zulaufens der Tagwässer außen bis 2 m Tiefe einen 50 cm bis 1 m starken Lehmschlag zur Abwehr erhalten. Da die Absenkungstiefe in normalem Boden auf 7 bis 10 m beschränkt ist, helfen sich unvorsichtige Brunnenbauer wie folgt:

Sie graben den Brunnen mit dem äußeren Durchmesser der Ringe mehr 10 bis 15 cm auf gut Glück bis zum Wasserspiegel ohne jede Sicherung 8 bis 10, ja sogar 15 bis 20 m tief aus, setzen sodann Betonring auf Betonring. Die hinter dem Mantel befindlichen Hohlräume beachten sie nicht. Ja sie gehen sogar so weit, falls die Betonringe hängenbleiben, den hängengebliebenen Mantel auf alle möglichen Arten durch Untergraben von 1 bis 2 m zum Rutschen zu bringen. Die Folge ist ein Einsturz. Wehe demjenigen, der in diesem Brunnen arbeitet und von den Betonringen erfaßt wird. Bevor also jemand einen Betonringbrunnen absenkt, soll er sich die Art der Versenkung genau überlegen, denn von solchen Brunnen über 10 m Tiefe gehen meist 50% schlecht aus. Kurz, ein Unterfangen der Betonringbrunnen mit Ziegel ist äußerst gefährlich. Der Verfasser ist überzeugt, daß für Trinkwasserbeschaffung dem gemauerten Brunnen gegenüber dem Brunnen aus Betonringen nicht nur aus Sicherheits-, sondern auch aus hygienischen Gründen sowohl bei geringerer als auch größerer Tiefe der Vorzug zu geben ist.

c) Aufmauerung von Brunnen auf die Büchse

Diese Art Brunnen wird heute selten gebaut, der Arbeitsgang dabei ist wie folgt:

Mittels Pölzung im Geviert (s. Abb. 78) wird der Brunnen bis zum Grundwasserspiegel abgeteuft, hierauf die Büchse eingearbeitet und auf dieser das Mauerwerk aufgeführt. Durch das Abfaulen der hölzernen Brunnenbüchse besteht die Gefahr, daß das daraufliegende Mauerwerk einstürzt. Manchmal findet man ältere Brunnen, bei denen das Mauerwerk nicht in Mörtel gelegt ist, sondern nur aus geschlichteten Steinen mit Moosfüllung besteht. Daß die Einsturzgefahr bei einem solchen Brunnen eine noch größere ist, ist klar.

Bezüglich des Mooses war man der Ansicht, daß dasselbe das Wasser rein und klar erhält. Weiter hat man angenommen, daß das Moos alle Tagwässer, die durch die Fugen eindringen, zurückhalte. Bei offenen Brunnen geringerer Tiefe (2 bis 3 m), die nicht abgedeckt sind (mit Radhaspel und Eimer das Wasser liefern), bekommt das Moos Licht, Luft und Wärme und wächst sehr schön und mit ihm auch alles mögliche Ungeziefer. Daß aber das absterbende Moos und absterbende Ungeziefer ins Wasser gelangt, wurde nicht beachtet. Es ist daher selbstverständlich, daß die Verwendung des Mooses bei Brunnenherstellung als unhygienisch vermieden werden muß. Bei einem Brunnen von z. B. 20 m Tiefe war früher vorgeschrieben, in der Strecke mit Zwischenwasser Moos in die Fugen zu geben, um reines Wasser zu erhalten. Der fertige Brunnen wurde abgedeckt und nun fragt man sich, wie konnte das Moos ohne Licht, Luft und Wärme reinigend wirken; im Gegenteil, es mußte absterben und faulen und die verfaulten Stoffe wurden von seitlich eindringendem Oberwasser in das untere Wasser des Brunnens mitgerissen, und anstatt reinigend, wirkte das Moos im Gegenteil verunreinigend. Also fort mit der Moosausfüllung, dafür in diese Strecke eine Sperrbüchse, die sicher die schlechten Wässer vor dem Eindringen in den Brunnen abhält!

d) Aufstellung der verschiedenen Büchsen im Brunnen

Die normale Brunnenbüchse mit einem äußeren Durchmesser von 90 cm bis 1 m (Normalbrunnen hat 1,10 m Lichtweite, die Büchse 2 m Höhe) wird in fertigem Zustand in den Brunnen eingebracht. Die Brunnenbüchse bekommt am oberen Ende zwei Löcher, durch die ein Seil gezogen wird; mit Rolle und Dreifuß erfolgt das Herablassen in den Brunnen.

Die Maschinenbüchse mit Spannreifen ohne Unterschied des Durchmessers oder der Höhe wird wie folgt im Brunnen zusammengebaut.

Es werden kleine Holzzwickel, die an den Enden mit einer Schnur versehen sind, in das Brunnenmauerwerk in der Höhenlage der Reifen eingeschlagen. Auf diesen Pflöcken werden die Reifen mittels der oben erwähnten Schnüre aufgehängt. Sodann werden die numerierten Dauben der Büchse bis auf die letzte Daube nach ihren Nummern von Eins angefangen immer im Uhrzeigersinn in die Reifen gestellt. Vor Einbau der letzten Daube (Keil) werden die bereits aufgestellten Dauben mit kleinen Keilen, und zwar oben, unten und in der Mitte der Büchse auseinandergetrieben, wodurch sie fest verspannt werden, dann die Keildaube eingeführt und nach Entfernen der obersten Kleinkeile mit dem Hojer bis zu den mittleren Keilen eingetrieben. Diese werden sodann ebenfalls entfernt und die Keildaube wird bis zu den untersten Keilen eingeschlagen. Nach Entfernung der untersten Keile ist der Platz für die Keildaube frei. Links- und Rechtsdauben sind den Keildauben anpassend geschnitten. Wenn nun die Büchse fertig aufgestellt ist, werden die Spannreifen eingesetzt, und zwar zuerst der unterste, der auf einigen an der Büchse befestigten Keilen ruht, sodann zwischen den untersten und mittleren Spannreifen Steher aufgestellt, der mittlere Reif zusammengeschraubt, ebenfalls die Steher aufgesetzt, um den obersten Spannreifen einsetzen zu können. Wenn die Spannreifen fest verschraubt sind, werden durch diese sowie durch die Steher Ankerschrauben gezogen und festgeschraubt, um dem Gerippe Festigkeit zu verleihen (s. Abb. 35 sowie 54 bis 61).

Die nun fertige Büchse wird durch Untergrabung 1 bis 2 m versenkt und zerreißt dabei die Befestigungsschnüre, an denen die Eisenreifen aufgehängt wurden. Das Absenken geschieht solange, als durch das Eigengewicht der Büchse die Reibung am Umfang der Büchse überwunden wird. Dann beginnt das daubenweise Einpilotieren der Büchse, indem zuerst die seitlichen Schubdauben geschlagen werden, wodurch die Büchse gelockert wird. Natürlich erfolgt das Schlagen immer erst nach vorher erfolgtem Ausräumen auf eine gewisse Tiefe. Da Spann- sowie Eisenreifen beim Einpilotieren durch ihre Trägheit stehen bleiben, müssen sie nachgetrieben werden. Die Spannreifen werden nach Aufsetzen eines Schutzholzes (s. Abb. Tafel II, S. 36) auf die Steher mit dem Hojer bis zu den Keilen getrieben. Die eisernen Reifen werden mit einem Reiftreiber (s. Abb. Tafel V, S. 42) nachgesetzt. Der Reiftreiber ist eine meißelartige, in der Mitte abgekröpfte Stange, die am unteren Ende abgeschrägt ist und dadurch einen guten Ansatz für die Reifen gibt. Der beschriebene Vorgang wiederholt sich solange, bis die Büchse bei normalem Grundwasserspiegel nur mehr 10 cm aus dem Wasserspiegel herausragt. Die Büchse muß während des Einarbeitens (Pilotierens) immer außen mit kleinem Schotter hinterfüllt werden, damit man feststellen kann, ob hinter der Büchse eine Entleerung stattfindet.

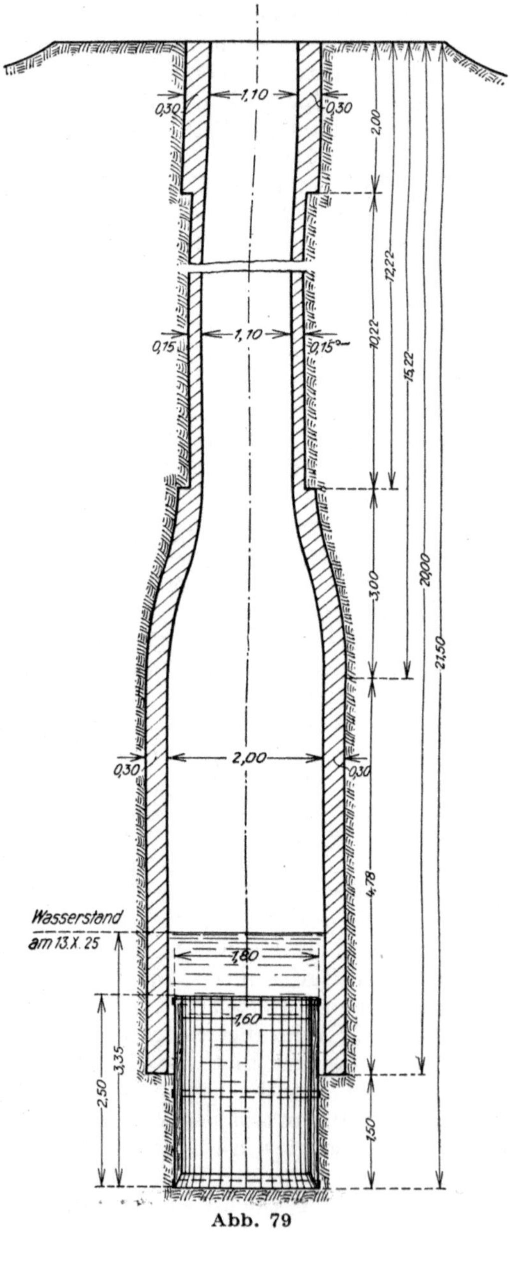
1,10
0,30
0,30
2,00
12,22
1,10
0,15
0,15
10,22
15,22
3,00
20,00
21,50
2,00
0,30
0,30
4,78
Wasserstand
am 13.X.25
1,80
1,60
3,35
2,50
1,50

Abb. 79

Zwischen Innenwand der Mauer und Außenwand der Büchse werden je nach der Größe des Durchmessers vier, fünf, sechs oder sieben Führungen aus Lärchenholz aufgestellt, um die Büchse lotrecht, aber genau in der Mitte einschlagen zu können. Der Zwischenraum zwischen fertig eingetriebener Büchse und Mauer wird angeschottert, kann aber auch, wenn Hochwässer zu gewärtigen sind, mit Beton ausgefüllt werden. Die meist bei Eintreiben der Büchse sich setzende letzte Gurte mit dem auf ihr ruhenden Mauerwerk erfordert ein Einschieben von Ziegeln in Zementmörtel zum Schließen der entstandenen Lücke.

e) Der flaschenförmige Bau

Ist man gezwungen, zu sparen, so empfiehlt es sich, einen flaschenförmigen Brunnen zu bauen. Voraussetzung hiefür ist, daß die geologischen und Wasserverhältnisse diese Bauart zulassen.

Wie aus Abb. 79 zu ersehen ist, wurde der Brunnen bis zu einer Tiefe von 2 m zum Schutze vor Tagwässer in einer Stärke von 30 cm gemauert. Ih den Tiefen von 2 m bis 10,22 m, ab Niveau 12,22 m wurde eine 15 cm starke trockene Mauerung mit Gurten in Zementmörtel hergestellt. Nun begann die Erweiterung des Brunnens bis zur Tiefe von 20 m. Ab dieser

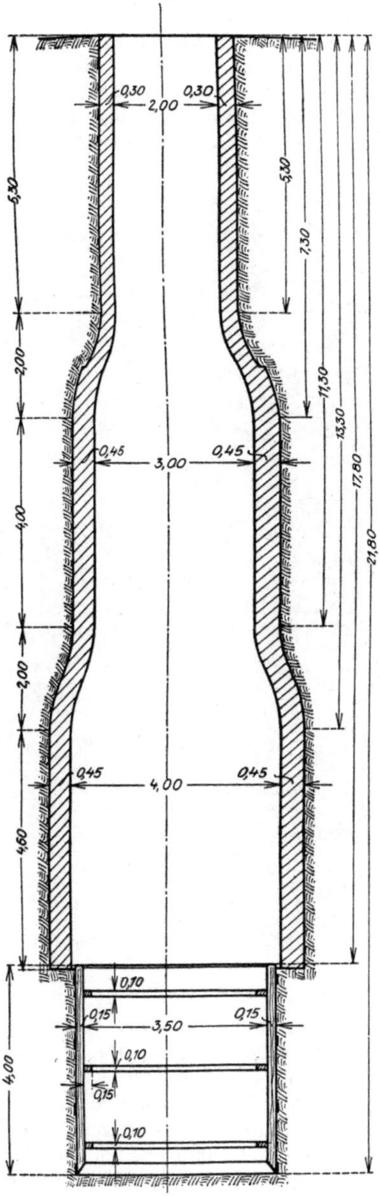

Abb. 80

Tiefe wurde die Büchse 1,50 m eingearbeitet. In der Zone von 12,22 m bis 15,22 m ab Niveau wurden nicht nur die Gurten, sondern auch das Mauerwerk in Zementmörtel vergossen, um den Durchmesser von 1,10 m auf 2 m vergrößern zu können. Bei Aufstellung der Büchse und Einarbeiten derselben auf eine Tiefe von 1,50 m stieg plötzlich das Wasser auf eine Höhe von 3,35 m, während sich zur Zeit

Abb. 81

der Sondierbohrung der Wasserspiegel in einer Tiefe von 20 m ab Niveau gezeigt hatte. Da der beschriebene Brunnen in Tegel und Lehmboden hergestellt wurde, war die Arbeit unter Wasserschöpfung eine leichte und sichere.

Ein ähnliches Steigen des Grundwasserspiegels zeigte sich bei dem Brunnen Abb. 80, der im Keller einer Badeanstalt abgeteuft wurde. Der Kellerraum (s. Abb. 81). hatte eine Weite von 4 m im Innern; der Brunnen wurde ab Kellersohle bis zu einer Gesamttiefe von 21,80 m abgeteuft; bis zu einer Tiefe von 5,30 m wurde er in 30 cm starkem Mauerwerk aus Zementmörtel hergestellt, bis auf die Tiefe von 7,30 m wurde der Übergang geschaffen und schon mit 45 cm Mauerstärke bis auf eine Tiefe von 11,30 m weitergegangen, um neuerlich bei 13,30 m einen Übergang auf einen Durchmesser von 4 m zu schaffen. Das erste Grundwasser zeigte sich in einer Tiefe von 17,80 m. Nun wurde eine 4 m hohe Brunnenbüchse mit drei Spannreifen eingebaut. Als durch die Räumung die Sohle des Brunnens (Tegel) durchbrochen war, stieg das Wasser nach und nach bis 8 m unter die Kellersohle im Brunnen auf Der Brunnen, der seit Jahrzehnten in Tätigkeit ist, hat seinen Dienst nie versagt.

Diese Art Brunnenbau ist nur in Tegelmaterial oder stehendem Lehm möglich, wenn auch kleine Durchzüge von Sand und Schotter vorkommen; dabei ist mit großer Vorsicht zu arbeiten.

Abb. 82 stellt die Erweiterung eines bestehenden Brunnens dar. Er hatte einen Durchmesser von nur 1 m mit einer 15 cm starken Mauerung. Da er zu wenig Wasser gab, wurde er aus Ersparungsrücksichten nicht vom Niveau aus mit 1,80 m erweitert, sondern in der Mitte ein Übergang geschaffen, um den Durchmesser von 1,80 m zu erreichen und das erforderliche Wasserquantum zu bekommen. Die absatzweise Erweiterung ist aus der Abbildung zu entnehmen. Dieser Brunnen wurde für eine kleine Gemeinde als Feuerlöschbrunnen rekonstruiert, um erhöhtes Wasserquantum zu erreichen.

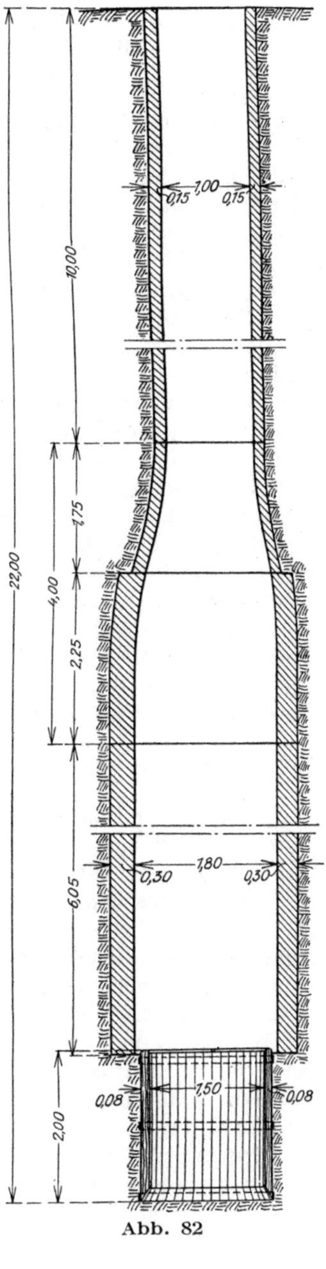

Abb. 82

f) Bau eines Versenkbrunnens aus armiertem Beton und mit armiertem Versenkkranz

Dieser Versenkkranz aus Winkeleisen (s. Abb. 83) wird außen mit einem Mantel aus Eisenblech umgeben, um einen Betonguß einstampfen zu können. Auf dieses Fundament wird sodann außen und innen eine Spundwand (Schalung) gestellt. Die äußere trägt außen Schmiedeeisenreifen, die innere Spundwand innen Spannreifen, so daß der Raum zwischen den Spundwänden freigehalten ist. Nach Einlegen der Eisenarmierung wird dieser Raum mit Beton angefüllt.

Diese Brunnen dienen zur Beschaffung von großen Wassermengen. Das Unangenehme bei dem Betonbrunnenbau liegt in dem Warten auf die Erhärtung des Betons. Würde nämlich der Brunnen zu früh ausgeschlagen oder gar nach der Ausschlagung gleich versenkt werden, so würde bei ungleicher Bodenart der Betonmantel zermürbt werden. Es ist daher unbedingt nötig, eine Zeit von drei Wochen verstreichen zu lassen, um mit Sicherheit das Vorbeschriebene zu vermeiden. Bei dem folgenden zweiten Aufsatz, der ebenfalls mit Zuhilfenahme einer äußeren und inneren Spundwand wie der erste Teil hergestellt wird, wird die Armierung mit der Armierung des bereits fertigen unteren Teiles innig verbunden, so daß nach Eindringen und Abbinden des Betons beide Teile eine feste Einheit bilden. Wenn der betonierte Brunnen ausgeschalt ist, wird der Außenmantel glatt verputzt, um die Reibung beim Versenken zu verringern.

g) Steckenbleiben des Versenkkranzes

Sollte sich ein Versenkbrunnen durch Anlegen äußeren Materiales an der Mantelfläche bei zu tiefer Brunnenannahme nicht versenken lassen, so wird um den Mantel unter dem natürlichen Böschungswinkel vom Terrain stufenförmig abgegraben (s. Abb. 84); gleichzeitig werden am Brunnen eiserne Träger aufgelegt und Ziegelstöße als Ballast aufgebracht, damit das Hindernis durch das Gewicht überwunden wird. Bei dieser Arbeit muß streng darauf gesehen werden, daß ja nicht einseitig ausgeräumt wird, da sich sonst der Brunnen auf die lockere Seite neigt. Eine solche Neigung kann dadurch behoben werden, daß der Boden auf der entgegengesetzten Seite solange gelockert wird, bis der Brunnen wieder senkrecht steht. Um einen Versenkbrunnen lotrecht führen zu können, sind im Innern, 20 cm vom Mauerwerk entfernt, an einem Pflock lange Senkel anzubringen, die auf einem mit einem nach oben stehenden Draht

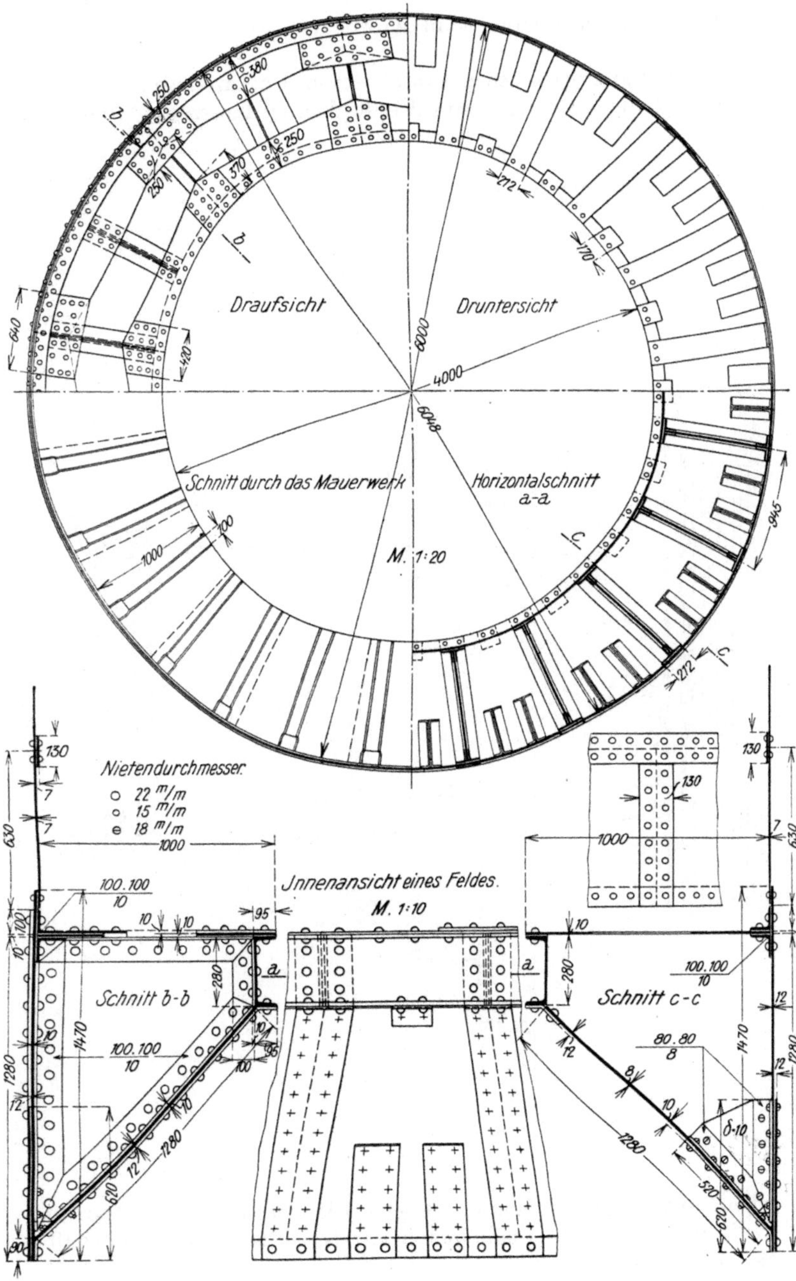
Draufsicht
Druntersicht
Schnitt durch das Mauerwerk
Horizontalschnitt a-a
M. 1:20
Nietendurchmesser
22 m/m
15 m/m
18 m/m
Jnnenansicht eines Feldes.
M. 1:10
Schnitt b-b
Schnitt c-c

Abb. 83

stift als Spitze versehenen Pflock einspielen. An dieser einfachen Vorrichtung kann man beim Versenken im Innern des Brunnens

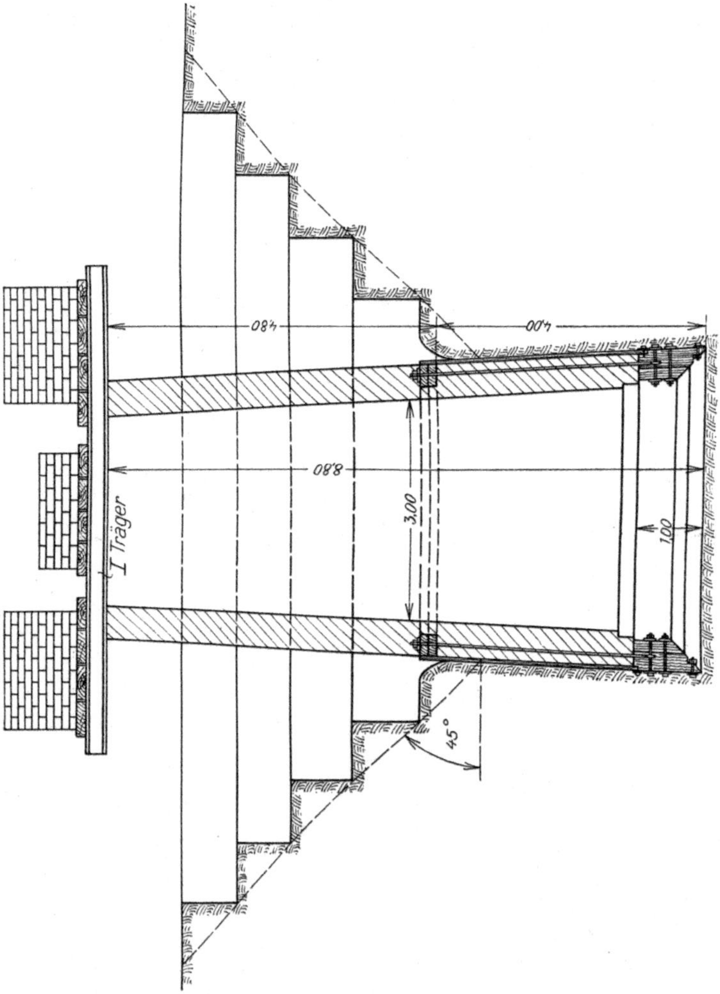

Abb. 84

sehen, wie sich der Mantel neigt. Die Beobachtung geschieht somit nicht nur außerhalb des Mantels, sondern auch innerhalb desselben.

h) Auslegen der Brunnen mit Steinen

Unsere Vorfahren haben Brunnen zur Wasserversorgung ihrer Ansiedlungen in der Nähe von Teichen, Seen, Flüssen nicht rund, sondern im Viereck ausgegraben und mit Steinen ausgelegt. Je weiter dies jedoch in der Hochebene geschah, um so tiefer mußten sie ihre Brunnen anlegen; das geschah ebenfalls im Viereck, jedoch mit Pölzung. Es wurde zu diesem Zweck ein Bollwerk (Kranz, s. Abb. 85) versenkt und darauf wurden Steine in Urform mit Ausfüllung der Ecken, also im Innern rund, geschlichtet. Die so hergestellten Brunnen, von denen in Altösterreich noch viele mit ziemlichen Tiefen erhalten sind, können, wenn sie gut geschlichtet wurden, betriebssicher rekonstruiert werden. Man hinterfüllt die Fugen mit Betonknödel, treibt in die Fugen Steinkeile und macht sodann einen Sturz, der zu unterst mit Tegel abgedichtet wird. Der Betonmörteleinguß erfolgt schrittweise von der Sohle zum Niveau. Sollten in solche Steinbrunnen Tragbäume für Pumpen kommen, so muß man äußerst vorsichtig einzelne Steine für die Tragbaumlöcher herausnehmen. Diese Arbeit kann das Leben des Arbeiters und den Bestand des Brunnens gefährden. Man kann jedoch auch sicher und gut Tragbügel aus Flach- oder Stabeisen in die Fugen als Basis für die Tragbäume einzementieren. Diese starken Flacheisen haben Löcher zum Durchziehen eines Bolzens, der den Tragbaum niederhält und der verkeilt werden kann, so daß der Tragbaum gegen Lockerung gesichert ist. An den Kopfenden des Tragbaumes sind Keile einzutreiben und mit Zementmörtel zur besseren Haltbarkeit zu fixieren. Die Keile werden gegenseitig eingetrieben. Diese Art des Tragbaumeinbaues sichert den Bestand des Brunnens und gefährdet kein Menschenleben.

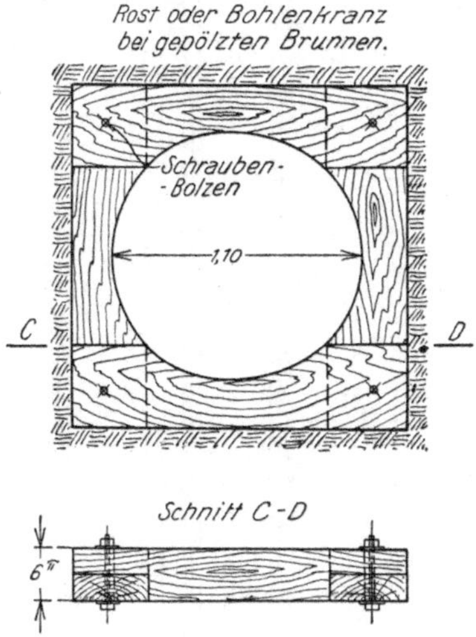

Abb. 85

Abb. 86 (Teil A) zeigt eine einwandfreie Wiederherstellung eines alten tiefen Steinbrunnens. Um den Brunnen (Teil B) oben vor Tagwässern zu schützen, soll man die Steine bis 2 m vom Niveau abtragen und durch 30 cm starkes Ziegelmauerwerk in Zementmörtel ersetzen.

Wie Teil C zeigt, kann man den untersten Teil eines Steinbrunnens, der wie vorbeschrieben gesichert wurde, durch Versetzen von Gurte auf Gurte unterfangen und im Durchmesser erweitern, ja man kann sogar den Steinbrunnen vertiefen. Am

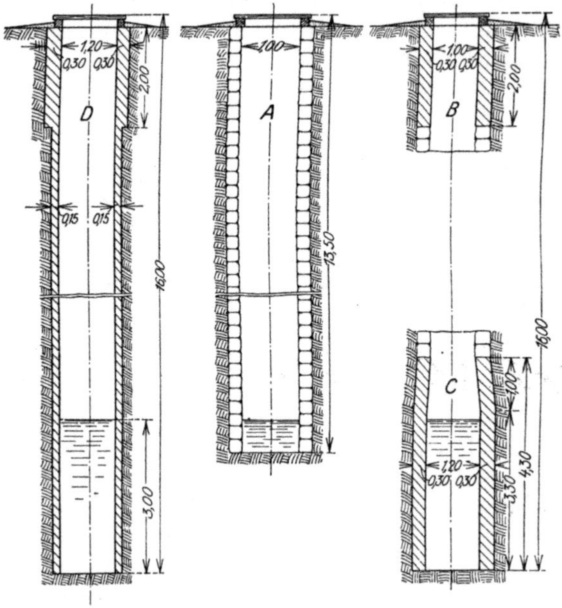

Abb. 86

besten und sichersten ist es jedoch, von Haus aus den Brunnen abzutragen und, um außerhalb der Ecken jungfräulichen Boden zu erhalten, einen neuen Brunnen mit vergrößertem Durchmesser abzuteufen (Abb. 86, Fig. D). Diese Zusammenstellung und Beschreibung ist aus vielen Fällen praktisch gesammelt und zeigt, daß alte Steinbrunnen nicht unbedingt verschüttet werden müssen, um sie gebrauchsfähig zu rekonstruieren. Vorsicht und umsichtiges Arbeiten ist selbstverständlich am Platze.

Abb. 87 zeigt einen alten Wasserstationsbrunnen in Mähren, welcher mit nur auf zwei Seiten behauenen Steinen ausgelegt war. Der Brunnen war seinerzeit mittels Pölzung auf eine Tiefe von

13,45 m mit einem Wasserstand von 3,10 m erbaut worden. Beim Einbauen einer neuen Pumpe wurden als Podestträger Eisenbahnschienen verwendet. Der erste Podest wurde auf 6,30 m untergebracht, minder glücklich der zweite um 2,55 m tiefer unter dem ersten. Um die Eisenbahnschienen für diesen Podest einschieben zu können, mußte im Tegel ein tieferes Loch eingearbeitet werden, wodurch plötzlich der Tegel durchdrückte und ein mächtiger Wasserstrahl ausströmte. Dieser Wasserstrahl unterwusch auf der gegenüberliegenden Seite die Steinmauerung des Brunnens, so daß Schotter mit Sand einbrach. Um eine Betriebsstörung zu vermeiden und um den oberen Teil der Steinmauerung zu halten, wurde das Wasser mittels Pulsometer rasch ausgeschöpft und eine provisorische halbkreisförmige Pölzung gegeben. Das hinter dem Tegel gespannte Wasser verlor sich vollständig bis auf eine kleine Menge. Da dieser Brunnen jedoch in seinem weiteren Bestand gefährdet war, wurde über diesen Brunnen ein Versenkkranz aufgestellt, welcher mit Rücksicht auf die Abmessungen des bestehenden Brunnens am untersten Rand eine Lichtweite von 5 m hatte. Dieser neue Brunnen wurde bis auf die alte Tiefe vorgetrieben, womit der alte Brunnen gänzlich verschwand. Die Arbeit wurde ohne Betriebsstörung vorgenommen, da für das Speisewasser im Reservoir für die Lokomotive 36 cbm Wasser aufgespeichert waren. Die Durchführung der Arbeit selbst geschah in der Schöpfpause.

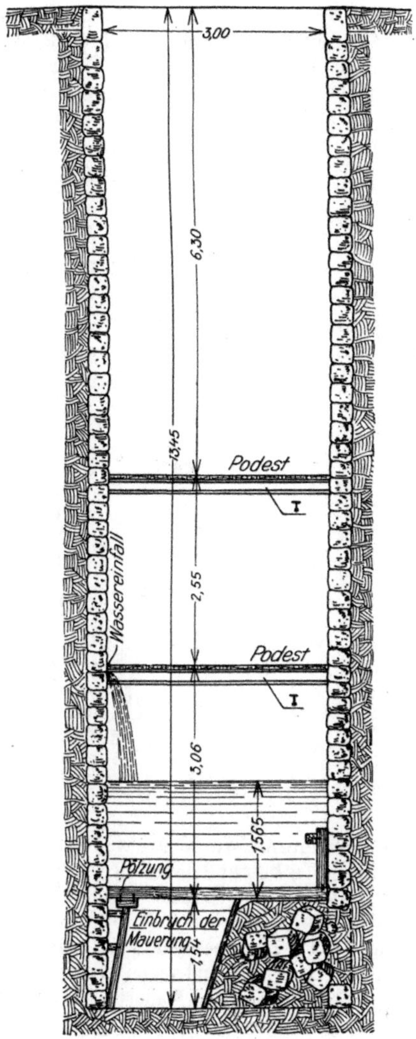

Abb. 87

Abb. 88a stellt einen alten, mit unbehauenen Steinen (Urform) ausgelegten Brunnen mit 3,84 m Tiefe und einem Lichtdurchmesser von 1 m dar. Die linksstehende Abbildung gibt den ursprünglichen Brunnen, der nur einen Wasserstand von 45 cm hatte. Die Abb. 88b stellt eine Vertiefung mit einer 2,50 m hohen Brunnenbüchse in demselben Brunnen dar, wonach ein 2 m hoher Wasserstand zu erzeugen gewesen wäre. Bei dem ersten Versuch, den Brunnen mit der Büchse

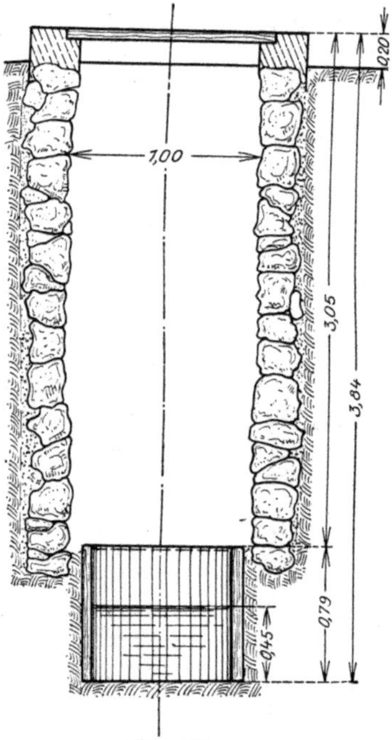

Abb. 88a

zu versehen, wurde trotz Vorsicht die Brunnenmauer aus Stein locker. Es bestand daher die Gefahr eines vollständigen Einsturzes des Brunnens. Die Arbeit wurde eingestellt und der Brunnen, wie Abb. 88c zeigt, auf 1,10 m durch Abtragen des Steinbrunnens erweitert, im obersten Teil mit einer 30 cm starken Mauer zum Schutz gegen Eindringen von Tagwässern versehen, sodann mit einer 15 cm starken Mauerung weiter abgeteuft und das Ziegelmauerwerk bis zum Grundwasserspiegel fertiggestellt. Hiernach wurde eine 2 m hohe, 5 cm starke Brunnenbüchse mit 1 m äußerer Lichtweite eingebaut. Der Brunnen hatte nun eine Tiefe von 5,75 m bis zur Unterkante des Betondeckels. Weiters wurde der Brunnen in seiner Umgebung auf 2 m mit einer Betonpflasterung umgeben, um alle

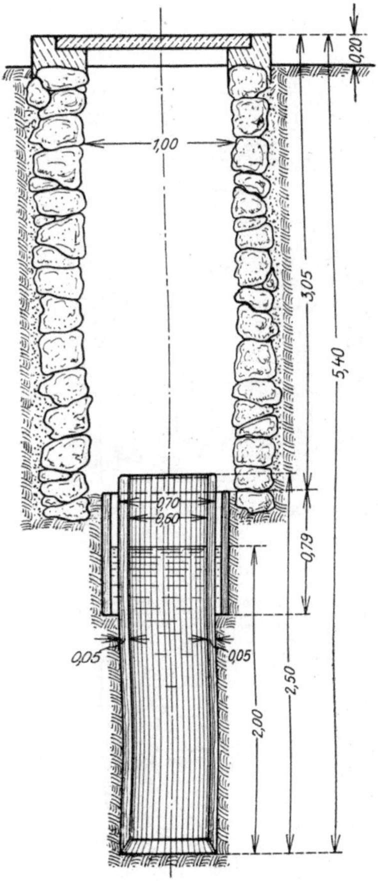

Abb. 88 b

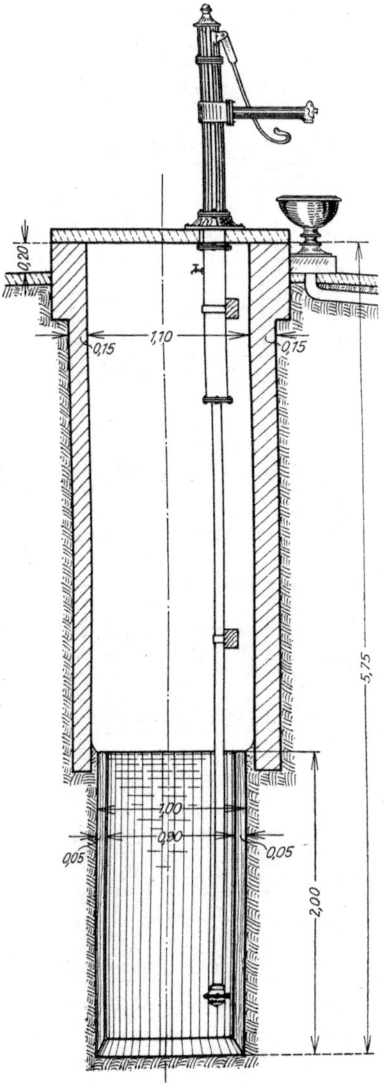

Abb. 88 c

Tagwässer abzuhalten. Der alte Brunnen hatte nicht nur schlechtes, sondern auch wenig Wasser. Nach der Rekonstruierung gab der Brunnen laut Analyse, einwandfreies Wasser in hinreichender Menge.

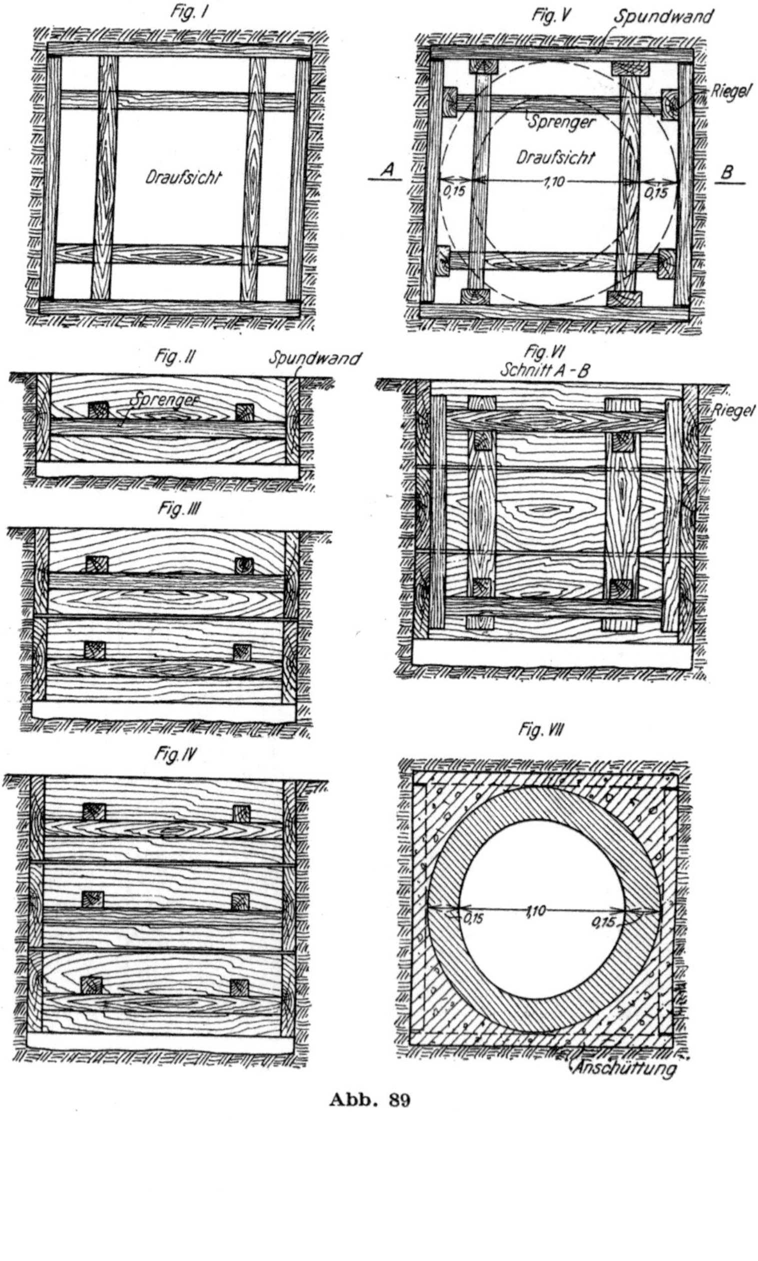
Fig. I
Draufsicht
Fig. V
Spundwand
Riegel
Sprenger
Draufsicht
A
B
0,15
1,10
0,15
Fig. II
Spundwand
Sprenger
Fig. VI
Schnitt A - B
Riegel
Fig. III
Fig. IV
Fig. VII
0,15
1,10
0,15
Anschüttung

Abb. 89

i) Das Pölzen der Brunnen

Anschließend an die Beschreibung der Steinbrunnen führt Abb. 89 und 90 die Pölzarten dieser alten Steinbrunnen vor Augen. Abb. 89, Fig. I, zeigt die Draufsicht von Fig. II, III und IV, während die Fig. V die Draufsicht von Fig. VI zeigt. Der Vorgang ist folgender:

Man gräbt sich, je nachdem es das Gebirge zuläßt, bis zu einer gewissen Tiefe ein und pölzt dann die Wände. Zum besseren Verständnis für die ganze Pölzart zeigen die Bilder kurze Strecken:

Fig. II eingearbeitet eine Spundwand nur mit Sprenger, Fig. III eine Vertiefung unter der Fig. II, die zweite Partie der Spundwände, Fig. IV die dritte Partie Spundwände, somit eine ganze Partie, die sodann, wie Fig. VI zeigt, mit Riegel versehen werden, während gleichzeitig die Sprenger der Spundwände gegen stärkere ausgewechselt werden. Diese Pölzart geht so weiter, bis man zum Grundwasserspiegel kommt, wo sodann, wie vorbeschrieben, ein Rost (s. Abb. 85, S. 105) eingesetzt wird. Fig. VII zeigt die Aufmauerung mit den verschütteten, bzw. ausgefüllten Ecken.

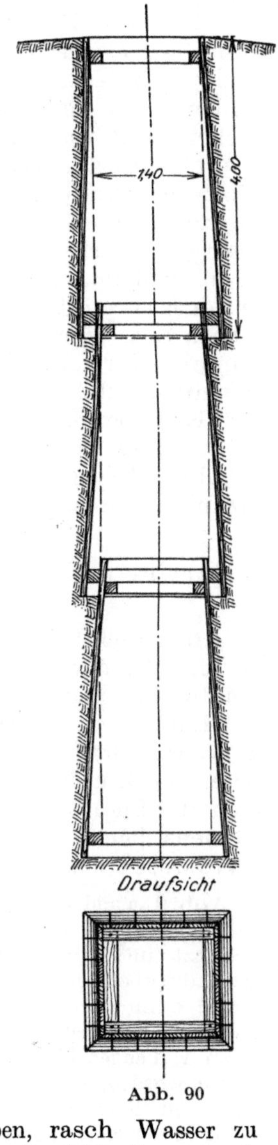

Abb. 90

Diese Pölzung heißt die normale Pölzung zum Unterschied von Abb. 90, einer Rahmenpölzung (Pionierpölzung), die nicht wagrechte, sondern senkrechte Spundwände aufweist. Da der obere Rahmen dabei immer enger als der untere Rahmen ist, bleibt immer Raum, um die folgende Spundwand eintreiben zu können. Diese Pölzungen kommen meist nur mehr bei Rettungsversuchen, verschütteten Brunnen vor oder bei zu Übungszwecken gebauten Brunnen (militärische Übungen), die den Zweck haben, rasch Wasser zu beschaffen. In schottrigem Boden sind die Wände stehend, oft nur bis zu einem Meter, zu verwenden, da durch das

Schieben des Schotters die (4 m) langen Wände bogenförmig eingedrückt und die Rahmen locker würden. In diesem Falle müßte sofort ein Rahmen eingebaut werden, da sonst der ganze Pölzzustand gefährdet wäre. Solche Rahmenpölzungen werden auch für Fundamentierung von Brückenpfeilern auf trockenem Boden, also nicht im Flußbett, angewendet. Diese Pölzung ermöglicht ein rasches Hinuntergehen in die Tiefe, wird jedoch im Brunnenbau sehr selten, häufiger im Bergbau angewendet. In Schwimmsand, Rieselschotter oder laufendem Gebirge muß mit großer Vorsicht gearbeitet werden, denn die Pyramidenform begünstigt beim Untergraben ein Nachgehen des ganzen Kastens. Deshalb soll man immer loses Stroh oder lange Hobelspäne, eventuell geweichten Lehm, aber nicht zu naß, in unmittelbarer Nähe der Pölzung vorbereitet halten. Ohne diese Hilfsmittel mit der Pölzung zu beginnen, ist gefährlich. In Felsen bzw. Konglomerat oder Gesteinsarten, die Gewähr leisten, daß die Seitenwände halten und die Pölzung nur den Zweck hat, die Abbröckelung des Gesteins hintanzuhalten, ist die Pionierpölzung die beste.

k) Vertiefen von Hauswasserbrunnen, deren Wasser sich verloren haben

Allzu große Dürre kann Hausbrunnen zum Versiegen bringen, ein Tieferlegen von Flußbecken, Bächen oder Seen kann den Grundwasserspiegel senken, so daß bestehende Brunnen in solchen Gebieten vertieft werden müssen. Dies geschieht im allgemeinen mit Teleskopbüchsen (s. Abb. 63 und 91a). Sollte sich jedoch im Laufe der Zeit der Grundwasserspiegel weiter senken, so wird durch die Enge der untersten Büchse die Leistungsfähigkeit des Brunnens immer kleiner und es muß dem Wassermangel auf andere Weise abgeholfen werden.

Abb. 91a und b zeigen eine ausgeführte Arbeit mit Teleskopbüchse. Zuerst wurde die unterste Büchse in den Fugen der Dauben geschlitzt und mit leichtem Rieselschotter angefüllt, hierauf die zweite darüber befindliche Büchse geschlitzt und mit Schotter angefüllt; dann wurden die einzelnen Dauben herausgezogen. Um die Dauben ziehen (reißen) zu können, mußten die links und rechts von der zu reißenden Daube stehenden Dauben auf 30 bis 40 cm abgestemmt werden, so daß die zu ziehende Daube einen Hals herausstehen hatte. Um diesen Hals wurden Ketten gebunden und mit einer vorgeschlagenen Klammer gesichert. Nachdem die erste Daube gezogen war, wurde die ganze Büchse locker und die übrigen Dauben ließen sich leicht entfernen. Nun folgte die Unterfangung des Mauerwerks.

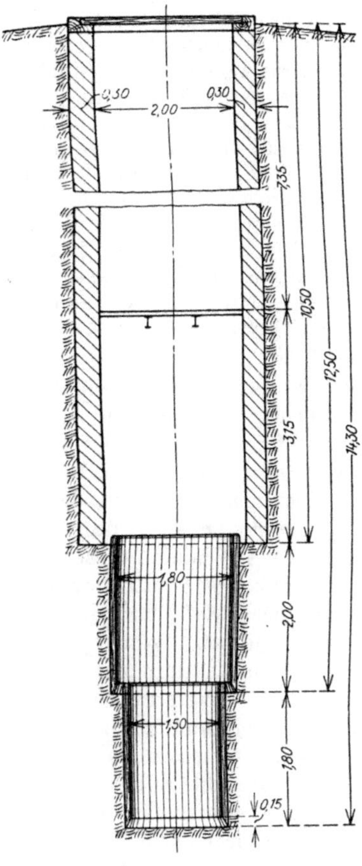

Abb. 91 a

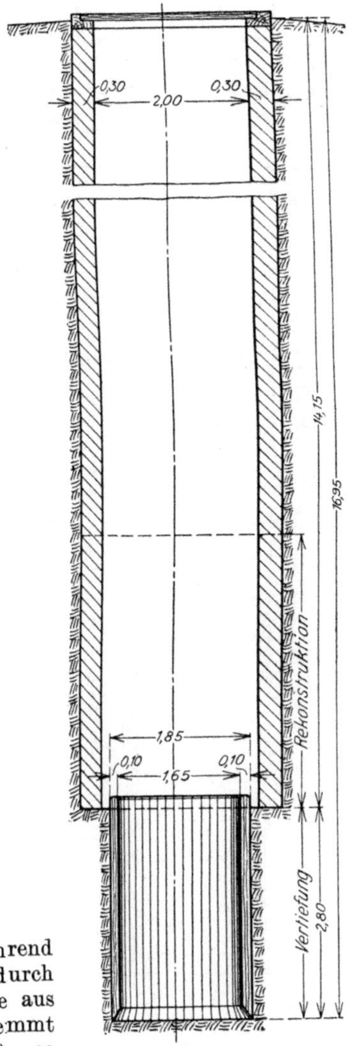

Abb. 91 b

Da diese Schicht jedoch wasserführend war und lockeres Material aufwies (durch die ständige Wasserentnahme wurde aus der Umgebung der Sand ausgeschwemmt und der ganze Boden gelockert), so mußte bei der Vertiefung des neuen Mauerwerks Gurte auf Gurte gesetzt werden oder günstigenfalls Gurte mit einer bis vier Scharen, um bis zur zweiten Büchse vorzudringen. Diese wurde genau so gezogen wie die erste. Das Mauerwerk wurde ebenfalls durch Gurte auf Gurte bis zu dem jetzt angetroffenen Wasserspiegel fertiggestellt. Die weitere Vertiefung erfolgte durch Einsetzen einer neuen Brunnenbüchse und Ausräumen. Selbstverständlich mußte bei der in Abb. 91 a gezeigten Arbeit der dort gezeichnete Podest entfernt werden. Die Abbildung zeigt, daß sich der seinerzeitige Grundwasserspiegel in einer Tiefe von 10,50 m vorfand. Zuzüglich der 2 m hohen Brunnenbüchse betrug somit die Meßtiefe vom Terrain bis zur Sohle 12,50 m. Als das Wasser verschwand, setzte man eine zweite Büchse mit 1,80 m Höhe. Die ganze Tiefe betrug somit 14,30 m. Nachdem auch hier das Wasser verschwunden war, schritt man zur Rekonstruktion des Brunnens nach Abb. 91 b.

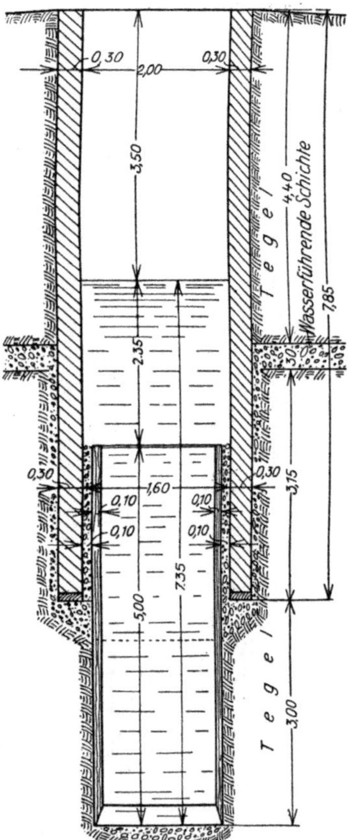

Abb. 92

Zur wasserrechtlichen Seite der Angelegenheit ist zu bemerken, daß für die Kosten der durch die Verlegung von Flüssen, Bächen oder Seen notwendig werdenden Brunnenvertiefungen nicht der Besitzer des Brunnens, sondern jener aufzukommen hat, der diese Ursache hervorrief. Etwas anderes ist es jedoch, wenn jemand seinen Brunnen, der zu wenig Wasser gibt, vertieft und dadurch den Nachbarbrunnen in Mitleidenschaft zieht. In diesem Falle bleibt dem Nachbar nichts anderes übrig, als ebenfalls seinen Brunnen auf seine eigenen Kosten vertiefen zu lassen.

Brunnen Abb. 92 wurde mit 30 cm starker Mauer in stehendem Tegel mit einem einfachen Pfostenkranz, 2 m innerer Lichte, 7,85 m tief, abgesenkt. In einer Tiefe von 4,40 m befand sich eine Rieselschotterschicht mit Wasser. Da der Brunnen das Wasser vollständig verloren hatte, wurde er mit einer 5 m hohen, 1,60 m weiten, 10 cm starken Brunnenbüchse versehen, 3 m tief in den Tegel eingetrieben. Bei dieser Tiefe kam aufsteigendes Wasser mit einem Auftrieb von 7,85 m. Bei der Reinschöpfung des Brunnens wurde der Wasserspiegel abgesenkt, der Raum zwischen der Brunnenbüchse und dem Mauerwerk mit Rieselschotter hinterfüllt und auch die Sohle des Brunnens mit einer Schotterlage versehen. Viertägiges Probeschöpfen gab Gewißheit über hinreichende Menge und Güte des Wassers.

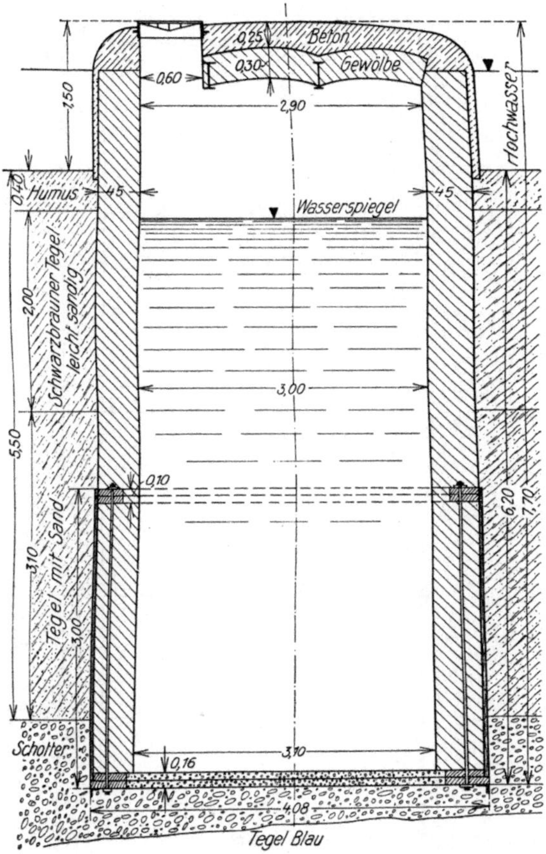

Abb. 93

l) Regulierung von Brunnen, die zuviel Wasser haben

Es kommt vor, daß man in Gegenden mit Tegelablagerung in einer Tiefe von 10 bis 20 m oder gar 30 m plötzlich beim Durchschlagen einer Steinplatte auf Wasser stößt, das einen Auftrieb bis zu 2 bis 3 m unter den Brunnendeckel hat und sich auf keine wie immer geartete Weise durch Schöpfen bewältigen läßt. Wenn nun der Brunnenbauer beim Ausbrechen unter der letzten Gurte, also 1,60 m tiefer, das Malheur hat, auftreibendes Wasser zu bekommen, so ist es das einfachste und beste, Rieselschotter

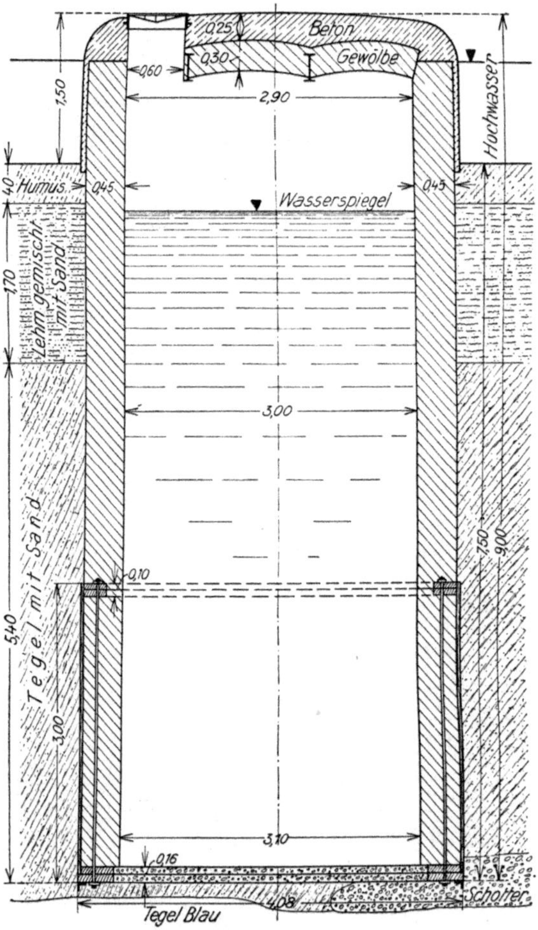

Abb. 94

in einer Höhe von 1,60 m + 1,0 m = 2,60 m einzubringen. Dadurch wird die im Brunnen befindliche, unterste Gurte, die mit der Zeit durch das Erweichen der Basis zum Rutschen gekommen wäre, am Zusammenbruch verhindert und man ist sicher, daß die Gurte das auf ihr ruhende obere Mauerwerk trägt. Sollte der Brunnen noch immer zuviel Wasser haben, wodurch der Geschmack des Wassers schal und öd werden würde, so empfiehlt es sich, den Brunnen weiters mit gut gewaschenem kleinen Flußschotter anzuschütten. Der Weg, den das Wasser von der Sohle des Brunnens durch den Schotter machen muß, gibt uns die Gewähr, daß eine Verunreinigung des Wassers unmöglich wird. Anderseits ist das im Schotter gelagerte Wasser frischer.

m) Bau und Behandlung von Brunnen in Überschwemmungsgebieten

In Gegenden, in denen es unmöglich ist, aus dem Boden große Wassermengen zu erhalten, teuft man Brunnen im Inundationsgebiet[1] (Überschwemmungsgebiet) ab. Der Bau ist an die Zustimmung der Flußregulierungskommission gebunden. Zur Erlangung der Bewilligung ist Schnitt und Situationsplan der Flußregulierungskommission zur Genehmigung vorzulegen. Der Brunnen muß stromaufwärts einen Schutzbau (Eisbrecher) bekommen. Beim Bau (ob Versenkbrunnen nach Abb. 93 und 94 oder Trinkwasserbrunnen nach Abb. 95) ist folgendes einzuhalten:

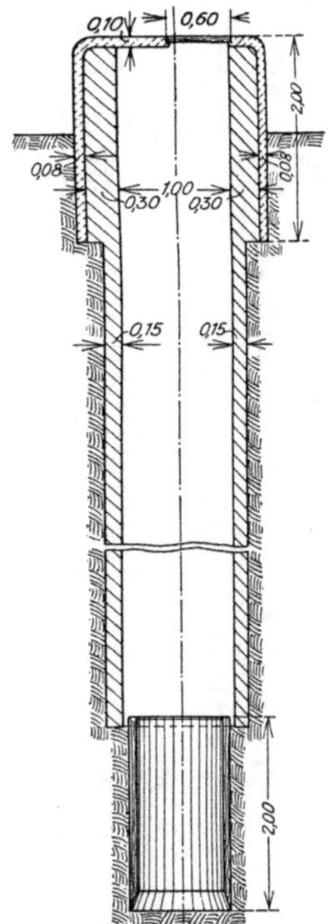

Abb. 95

Der Brunnen muß um 50 cm die Kronenhöhe des Schutzdammes überragen, mit Betonplatte oder Gewölbe abgeschlossen und mit einem gußeisernen Einsteigdeckel 60 × 60 cm versehen werden. Ein 7 bis 8 cm starker Betonüberzug muß die Außenwand des Brunnens vor dem Eindringen des Flußwassers in den Brunnen bei Hochwasser schützen, der unter das Terrain bis auf eine Tiefe von 1 bis 2 m geführt wird. Soll der Brunnen Trinkwasser geben, so muß er außen einen Lehmschlag bekommen und im Umkreis ein Pflaster aus Zementmörtel erhalten, damit die Hochwässer zuverlässig keinen schlechten Einfluß in hygienischer Beziehung auf den Brunnen nehmen können.

[1] S. auch S. 14, Anm. 1.

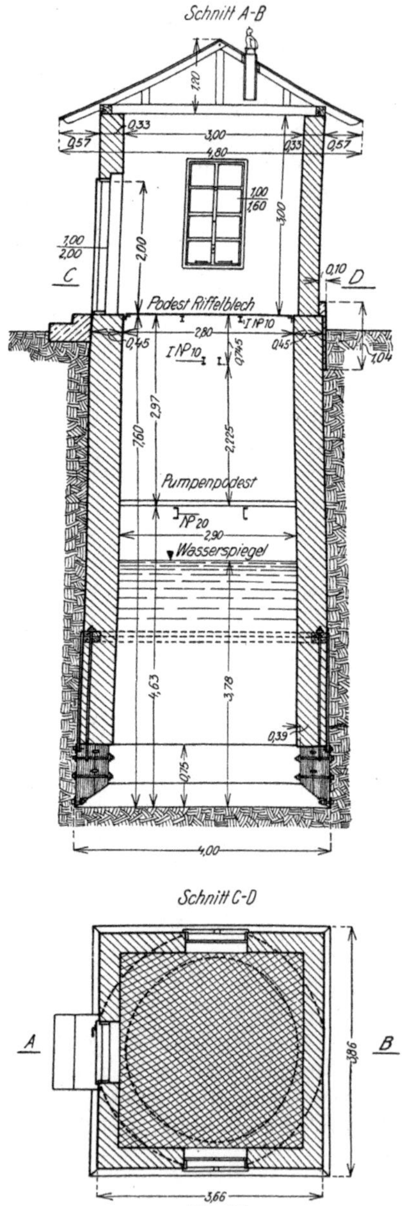

Abb. 96

n) Bau von Brunnen zu Feuerlöschzwecken

Ein Brunnen für Feuerlöschzwecke soll mindestens 4 m Wasserstand, dabei keine größere Tiefe als 9 m bis zur Sohle haben, so daß die Feuerlöschpumpe jederzeit durch Einhängen des Schlauches Wasser entnehmen kann. Der Durchmesser zur Sicherstellung der Mengenlieferung richtet sich nach dem Boden, bzw. nach den Widerständen (s. S. 122). Der Brunnen muß so angelegt werden, daß er bei Feuersgefahr unter jeder Bedingung leicht und rasch und ohne Gefahr zugänglich ist.

Schlagspitzen für Feuerlöschzwecke bis auf eine Tiefe von 8 bis 9 m sind im reinen Schotterboden, in der Nähe von Flüssen oder schottriger Gegend, wo die Grundwässer bis auf 6 m unter Terrain steigen, anwendbar. In Boden, der keinen Schotter hat, sondern nur Sand oder Schotter mit viel Sand, ist die Schlagspitze unbedingt zu vermeiden, da durch die Bewegung des Wassers der Sand mitgerissen, der Kolben und das Leder abgenützt werden und die Pumpe mitten in der Feuerlöscharbeit versagen kann. Sollte ein Brunnen tiefer als 10 m sein, so daß die natürliche Saughöhe überschritten wird, so muß in den Brunnen ein Pumpwerk mit großdimensionierten Arbeitszylindern kommen, um genug Wasser zutage fördern zu können. Fertiggestellte Feuerlöschbrunnen oder Schlagspitzen im Schotter sollen durch zwei- bis dreistündiges Schöpfen erprobt werden. Dabei muß insbesondere beobachtet werden, ob Sand eingetragen wird, damit Vorkehrungen zum Schutze der Pumpe getroffen werden können (z. B. durch eine kleine Anschotterung).

Abb. 96 zeigt einen Feuerlöschbrunnen mit Überbau zur Aufnahme der Pumpe in der Mitte des Brunnens für großen Wasserbedarf als Feuerschutz für die Magazine am Steinfeld. Die Wassermengenlieferung betrug bei der Probe zirka 80,0 m³ in vier Stunden. Der Brunnen war ein Senkbrunnen mit Stöckelkranz im Schotterterrain.

o) Zuschütten von aufgelassenen oder beschädigten baufälligen Brunnen

Die Verschüttung aufgelassener, alter, baufälliger oder schlecht angelegter Brunnen ist mit großer Vorsicht vorzunehmen.

Angenommen, es ist ein alter 20 bis 30 m tiefer Brunnen zu verschütten. Der Brunnen steht neben einem Gebäude, das in den Mauern schon starke Risse zeigt. Zu solchen Brunnen darf man keinesfalls mit Schwerfuhrwerk zufahren und das Schüttmaterial nicht einfach in den Brunnen einwerfen, weil hiedurch dieser nur frühzeitig zum Einsturze gebracht würde. Durch das Hinunterwerfen des Materiales, welches von einer Brunnenwand zur anderen im Zickzack bis zur Tiefe geschleudert wird, kann es passieren, daß große Stücke oder grober Schotter oder sonst Gegenstände, die leichtsinnigerweise auch in den Brunnen geworfen werden, gerade bei der heikelsten Stelle das einzige Stück, welches noch hält, in Bewegung bringen, wodurch der ganze Mauermantel, der bis jetzt standgehalten, zum Einsturze kommt und auch das Gebäude gefährdet. Beispiele gibt es mehr als genug.

Die Verschüttung hat vielmehr in folgender Weise zu geschehen:

Man stellt aus Pfosten einen im Querschnitte quadratischen Holzschlauch her, hängt denselben zentral vom Terrain nach abwärts in den zu verschüttenden Brunnen ein und schüttet durch denselben Material ein. Wenn die Verschüttung bis zum Schlauchende reicht, hebt man den Holzschlauch ein Stück, um weiter Schüttmaterial einbringen zu können. Man setzt dieses Verfahren solange fort, bis das Niveau erreicht ist. Jedes Material hat das Bestreben, sich in seinem Böschungswinkel auszubreiten. Nach Höhen von 4 bis 5 m gießt man durch diesen Holzschlauch

Wasser, damit sich das eingeschüttete Material leichter setzt. Unbedingt zu beachten ist, daß ins Brunnenwasser als Schüttmaterial ausschließlich nur reiner Schotter kommen darf. Oberhalb des Schotters kann anderes fäulnisfreies Material verwendet werden; Humus oder gar Hausmist ist ausgeschlossen. Der oben beschriebene Brunnen war, nach Annahme, wegen Gefahr für das Gebäude rasch zu verschütten.

In ähnlicher Weise sind Brunnen, die nicht gefährdet sind, die also aus anderen Gründen aufgelassen werden, unter allen Umständen von der Sohle bis zum Niveau mit reinem Schotter zu verschütten, damit nicht das Grundwasser verunreinigt und dadurch ein Nachbarbrunnen verseucht wird. Es kommt vor, daß solche verschüttete Brunnen im Laufe der Zeit an der Oberfläche eine tragfähige Schicht bekommen, während darunter Setzungen stattfinden. Durch irgend einen Umstand kann nun diese Decke beim Betreten, z. B. nach einem Regen, plötzlich einsinken und den darauf Stehenden mitreißen.

Daher merke die Regel: Ein verschütteter Brunnen, ob tief oder seicht, ist mit einem Betondeckel zu versehen, der ein kleines Loch besitzt einmal zur Kontrolle, ob Setzungen stattfinden, dann aber auch, um Material nachschütten oder zur rascheren Setzung Wasser nachgießen zu können. Dieser Betondeckel zeigt auch an, daß man in einer an dieser Stelle aufzuführenden Mauer eine Gurte zu spannen oder Träger über den Brunnen zu legen hat. Die Verschüttung eines Brunnens muß der Behörde genau so angezeigt werden wie der Bau eines neuen Brunnens.

III. Hygienisches

1. Das Wasser

Trinkwasser soll farb- und geruchlos, frei von unangenehmem Geschmack, frisch und klar sein und von mineralischen Bestandteilen nicht mehr als 0,5 g per Liter enthalten. Kohlensäure verleiht ihm einen gewissen Wohlgeschmack. Es ist nicht leicht, ohne die Gegend und die geologischen Verhältnisse des Bodens zu kennen, Normen für die Abfassung des Wassers zu geben. Blindlings ohne Vorstudien Großbrunnen anzulegen, ist nicht ratsam, kostet nur Zeit und Geld, ohne zu einem Erfolg zu führen. Wenn jedoch ein Probebrunnen erschlossen ist, ist es leichter, ein Bild über die Güte und Menge des vorhandenen Wassers zu gewinnen. Man kann nach Probeschöpfungen ein Graphikon (s. Abb. 97) anlegen und aus der Abschöpf- sowie Ansteiglinie den

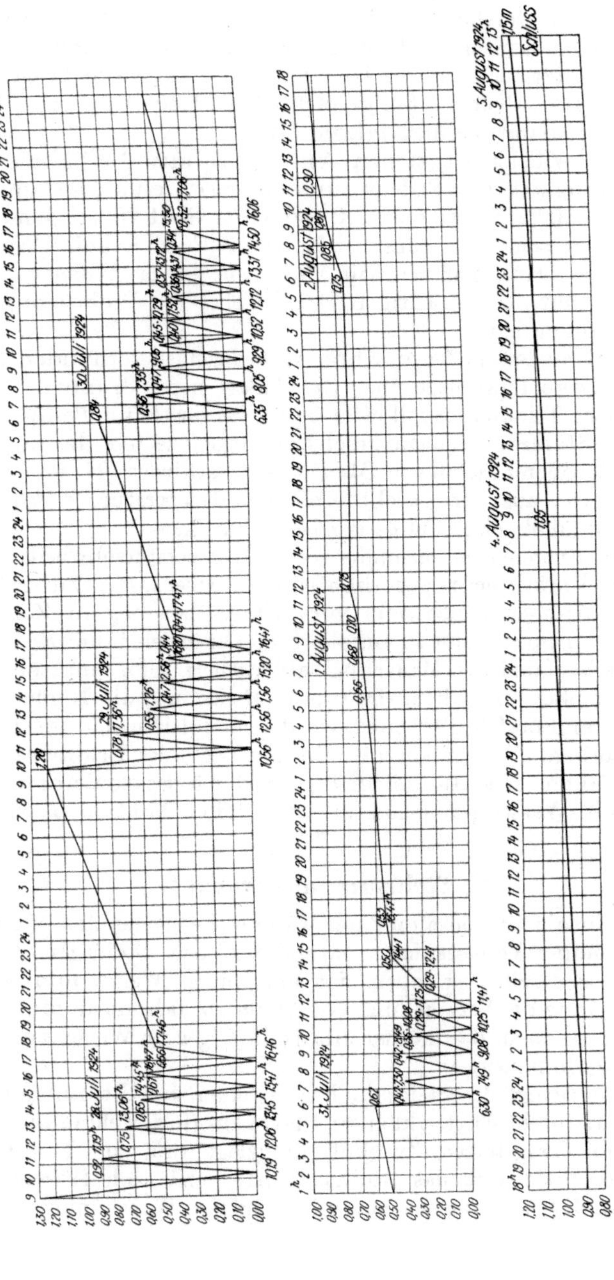
28. Juli 1924
29. Juli 1924
30. Juli 1924
31. Juli 1924
1. August 1924
2. August 1924
4. August 1924
5. August 1924
Schluss

Abb. 97

zukünftigen Durchmesser des Brunnens für die beanspruchte Liefermenge errechnen. Je weniger Widerstand sich dem Wasser entgegensetzt, desto steiler ist die Ansteiglinie, desto länger die Abschöpflinie (Kurve). Bei großem Widerstand ist die Abschöpflinie kurz, dafür die Ansteiglinie lang.

Die Widerstände stehen im umgekehrten Verhältnis zur Durchlässigkeit des Bodens und betragen etwa bei grobem Schotter 50%, Schotter und Sand 60%, Sand 70%, Sand mit Lehm 80%, schwerem Lehm mit Letten 100% (d. h. keine Wasserlieferung). Dabei muß man die Tiefe, aus der das Wasser seinen Auftrieb hat, berücksichtigen, in welcher die Probeschöpfung stattgefunden hat.

In Gebieten, in denen schon viele Brunnen vorhanden sind, geben diese Fingerzeige über die Anlage neuer Brunnen.

Gutes Trinkwasser soll eine möglichst konstante Temperatur haben. Stärkere Temperaturschwankungen deuten darauf hin, daß ein größerer Zufluß von Oberwasser stattfindet. Es ist jedoch umgekehrt aus der gleichbleibenden Temperatur nicht zu schließen, daß solche Zuflüsse nicht stattfinden.

Bei Brunnen mit nennenswerten Temperaturschwankungen sind alle Vorkehrungen zur Abhaltung der Oberwässer zu treffen. Solche Brunnen werden mit verstärkter Mauerung in Zementmörtel und Sperrbüchse so angelegt, daß auch der Raum zwischen der Büchse und der Mauerung abbetoniert wird, um seitliche Wässer sicher abzuhalten. In diesen Fällen muß die Büchse mit besonderer Sorgfalt gearbeitet werden und darf nicht unter 2 m Höhe haben. Weiters kommt auf die Sohle des Brunnens eine 30 bis 50 cm hohe Anschotterung, wodurch das von unten eindringende Wasser gezwungen ist, diese Filterschicht zu passieren.

2. Steinsalz im Brunnen

Steinsalz ist von alters her für die Reinigung des Wassers und zu seiner Verbesserung verwendet worden. Steinsalz aber in das Wasser selbst zu geben, ist ein Unfug. Wenn man schon glaubt, ohne die Verwendung von Steinsalz nicht auskommen zu können, so kann dies höchstenfalls in folgender Weise zur Anwendung kommen:

Man bringt das Steinsalz knapp unter dem Brunnendeckel auf einer durchlöcherten kleinen Platte aus Holz, welche auf zwei hölzernen Tragstützen (Zwickel) aufgelegt wird, an. Durch die Hydroskopität wird das Steinsalz nach und nach flüssig und tropft in Zwischenräumen von oben auf den Wasserspiegel. Der auf dem Wasserspiegel ankommende Steinsalztropfen wird sich kegelförmig bis zur Sohle des Brunnens ausbreiten. Durch diese Anordnung kommt so wenig Salz in den Brunnen, daß es nie am Geschmack des Wassers zu spüren ist, doch reicht der Tropfen aus, durch sein Gewicht im Wasser schwimmende, fein verteilte Sinkstoffe (verstaubtes Wasser) zu Boden zu ziehen und damit das Wasser zu reinigen.

Schädlich wirkt jedoch das Steinsalz, wenn dasselbe in größerer Menge direkt in das Brunnenwasser geworfen wird. Nicht nur, daß das Trinkwasser übersalzen ist, hat es noch den Nachteil, daß das Wasser mit Eisenoxydul- oder Inoxydulgehalt sofort rot gefärbt und die Ablagerung nach diesem Prozeß schwarz wird, in weiterer Folge nach einigen Tagen das ganze Wasser eine bleigraue Färbung annimmt und damit erst recht unbrauchbar geworden ist. Steinsalz darf also nur in kleinen Mengen und wie oben beschrieben angewendet werden.

3. Ungeziefer im Wasser

So unglaublich es klingt, herrscht heute noch hie und da die Unsitte, Kröten, Wasserfrösche, Olme oder Salamander im Brunnen zu halten, da diese angeblich das Brunnenwasser reinigen, während in Wirklichkeit durch den Stoffwechsel dieser Tiere sowie durch die Kadaver der abgestorbenen Tiere das Wasser verunreinigt wird. Um das Ungeziefer zu beseitigen, ist es das beste, ungelöschten Kalk in das Wasser zu geben, ihn verkochen zu lassen und nach einiger Zeit das Wasser mittels Reißpumpe solange auszuschöpfen, bis keine Spur von Kalk mehr im Wasser vorhanden ist. Der Brunnen ist sodann gut und sicher abzudecken.

Holzkohle frei schwimmend in einen Brunnen zu geben, hat ebenfalls keinen Zweck; auf eine Wirkung ist nur zu rechnen, wenn der Pumpensauger mit Holzkohle in einer Kiste dicht umschlossen wird, so daß eine Filtrierung stattfindet.

4. Der mit Typhusbazillen verseuchte Brunnen[1]

Tritt in einer Gegend Typhus auf, so ist es Sitte und Pflicht, als erstes den Brunnen zu untersuchen. Ist der Brunnen in der Nähe eines Wassergerinnes, einer Sicker- oder Senkgrube angelegt,

[1] Ich verweise auf den Sonderabdruck aus dem Hefte vom Jahre 1926 der „Zeitschrift des österreichischen Vereines von Gas- und Wasserfachmännern", Vortrag gehalten von o. ö. Professor Dr. R. Graßberger, Wien, am 15. Mai 1926, und Über die Verbreitung des Abdominaltyphus, von Herrn Universitätsprofessor Dr. R. Graßberger.

nur mit Ziegel oder Steinen trocken ausgelegt oder gar ohne Büchse gearbeitet, so ist die Verseuchung höchstwahrscheinlich auf den Brunnen zurückzuführen.

Bei Brunnen, die jedoch mit Lehmschlag oder starkem Mauerwerk, mit einer tadellos gearbeiteten dichten Büchse versehen und, aus filtergutem Material hergestellt, weit genug (10 bis 20 m) von allen verunreinigenden Stätten angelegt sind, liegt die Ursache wohl kaum an dem Brunnenwasser.

Zeigt ein Brunnen eine Verunreinigung oder Verseuchung, so ist er sofort durch Hineinwerfen von ungelöschtem Kalk auszukochen und sodann ganz zu verschütten. Bei Brunnen, die eine Tiefe von 10 bis 20 m aufweisen, sind Verseuchungen selten. Kommen solche trotzdem vor, so muß das Mauerwerk vom Niveau bis zu der Eindringstelle des verseuchenden seitlichen Wassers abgetragen und neu, verstärkt mit Zementmörtel, aufgemauert werden; es ist also ein ganz neuer Mauermantel herzustellen, wobei altes Ziegelmaterial nicht verwendet werden darf. Sollte es sich um einen Betonringbrunnen handeln, so sind die Ringe abzuheben und der Brunnen ist ebenfalls bis zur Eindringstelle des verseuchten oder verjauchten Wassers neu auszumauern, und zwar mit einem inneren Durchmesser, der gleich ist dem äußeren Durchmesser der Betonringe + 20 cm, da sonst dieselben außer durch Zerschlagen nicht aus dem Brunnen zu bekommen wären.

Ich kann es mir jedoch nicht versagen, an dieser Stelle darauf hinzuweisen, daß die Ursachen für den Typhus häufig an ganz anderer Stelle zu suchen sind. Wer jemals Gelegenheit hatte, dem Verladen der Milchkannen auf Stationen beizuwohnen, wird bestätigen, daß die Milchkannen, die später im Waggon aufeinandergeschlichtet werden, oft eine Menge Unrat vom Boden mitnehmen, der durch die aus den Kannendeckeln hervorstehenden Leinenstreifen auf die Milch übertragen werden kann. Oder wer die mangelhafte Reinigung von vor kurzem gejauchtem oder mit Flußwasser bespritztem Gemüse (Salat usw.) gesehen hat, wird mir beistimmen, daß diesem Seuchenherd zu wenig Aufmerksamkeit zugewendet wird. Daher mehr Reinlichkeit im allgemeinen.

Abb. 98 stellt außer der Situation eine Brunnenanlage mit Pumpen in einer Eisenbahnstation dar, die nicht nur durch die Hochwässer, sondern auch durch die ungünstigen Grundwasserverhältnisse verseucht war. Um diesem Übelstand abzuhelfen, baute man in einer Entfernung von 50 bis 60 m einen neuen Brunnen außerhalb der Grenzen der Verseuchungsmöglichkeit des Grundwassers. Nach

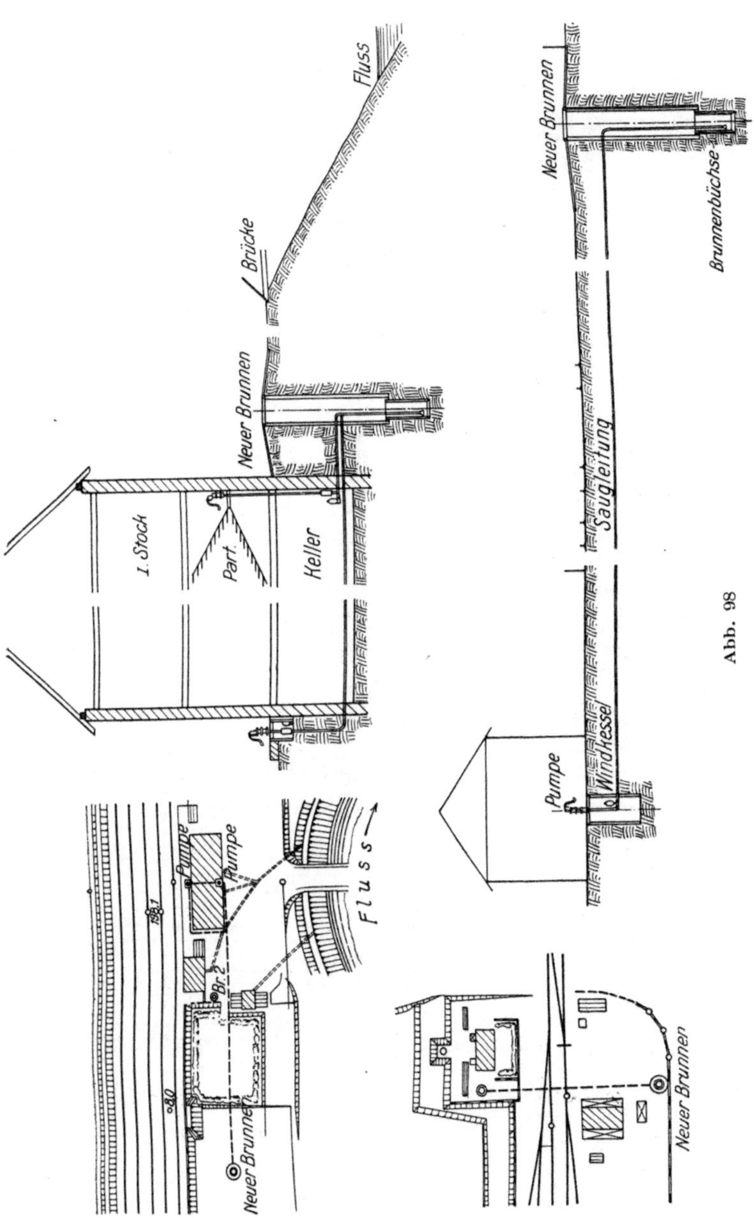
Fluss
Brücke
Neuer Brunnen
I. Stock
Part.
Keller
Saugleitung
Windkessel
Pumpe
Brunnenbüchse
Pumpe
Pumpe
Br. 2
Fluss
Neuer Brunnen
Neuer Brunnen

Abb. 98

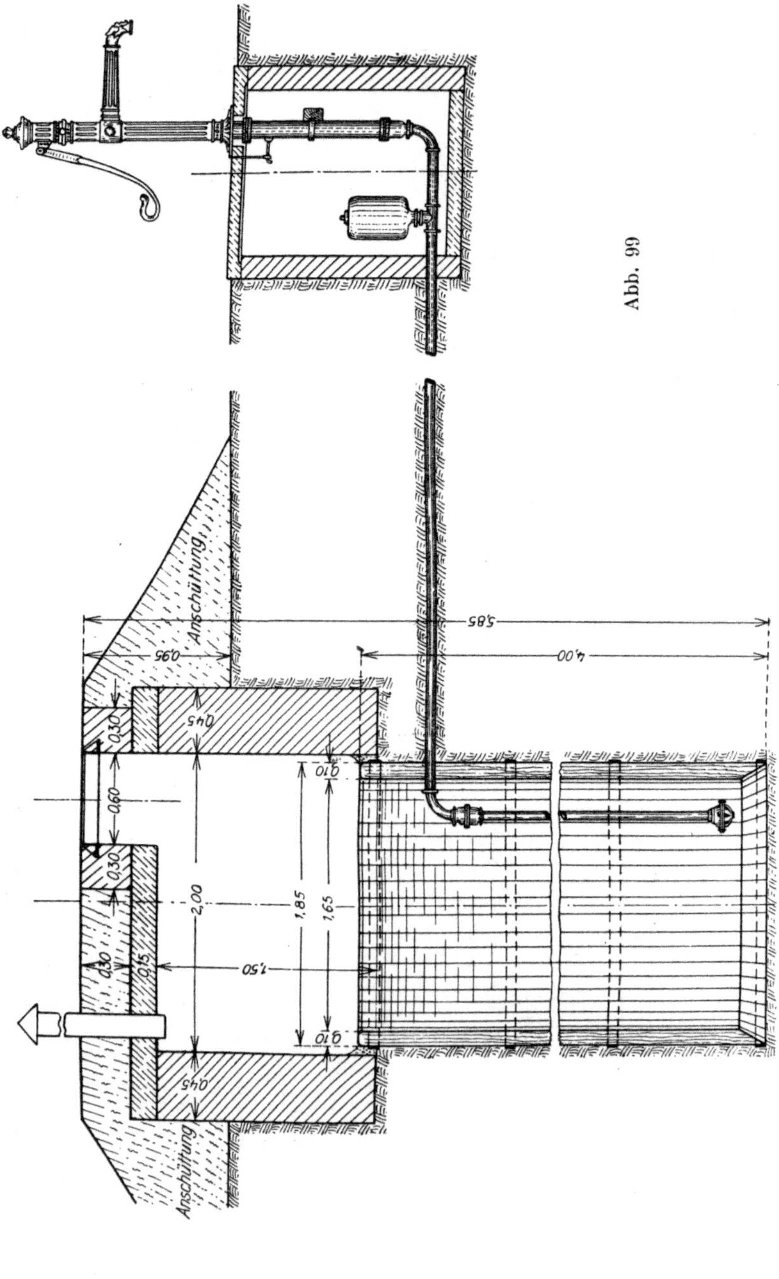
Anschüttung
Anschüttung
5,85
4,00
0,95
0,45
0,45
0,30
0,60
0,30
0,30
0,15
2,00
1,85
1,65
0,10
0,10
1,50

Abb. 99

Fertigstellung des Brunnens wurde bei dem Wächterhause eine Saugleitung vom neuen zum alten Brunnen gelegt, und zwar kam die Pumpe in den alten Brunnen, da die Tiefe des Grundwassers mehr als 7 m betrug. In der Station traf man die Anordnung der Situation. Der verseuchte Brunnen wurde verschüttet. Vom neuen Brunnen wurde zum Stationsgebäude eine Saugleitung gelegt und im ersten Stock eine Pumpe montiert, die den Arbeitszylinder im Keller hatte. Die zweite Saugleitung wurde auf den Perron geführt und ebenfalls mit einer Pumpe mit Tiefzylinder versehen. Die Anlage funktioniert tadellos. Solche Anlagen wurden zu wiederholten Malen ausgeführt.

Abb. 99 zeigt einen Brunnen, welcher für Trinkwasserzwecke in einer vollständig verseuchten Gegend abgeteuft wurde. Der Brunnen wurde von jedweder Düngerstätte, Senkgrube, Kanalisation und Stallungen des Gutshofes (zirka 100 m weit) weg gebaut. Da die Wasserhöhe nur 4 m betrug, wurde eine Saugleitung von zirka 100 m Länge bis zum Wohngebäude hergestellt, sodann ein Pumpenschacht ausgehoben. In diesen Pumpenschacht kam der Arbeitszylinder der Pumpe. Sodann wurde eine ganz einfache Pumpentype gegeben. Die Analyse ergab einwandfreies Trinkwasser. Mit dieser Abbildung soll gezeigt werden, daß es möglich ist, auch in den verseuchtesten Gegenden, in denen das Grundwasser nicht tief steht, Mensch und Tier mit gutem genießbaren Wasser zu versehen, wenn man den Brunnen zum Schutze gegen Außentemperaturen mit einer Anschüttung versieht.

Abb. 100 stellt einen normalen Hausbrunnen dar, der verseuchtes bzw. durch eine Senkgrube stark verunreinigtes Wasser aufwies. Um

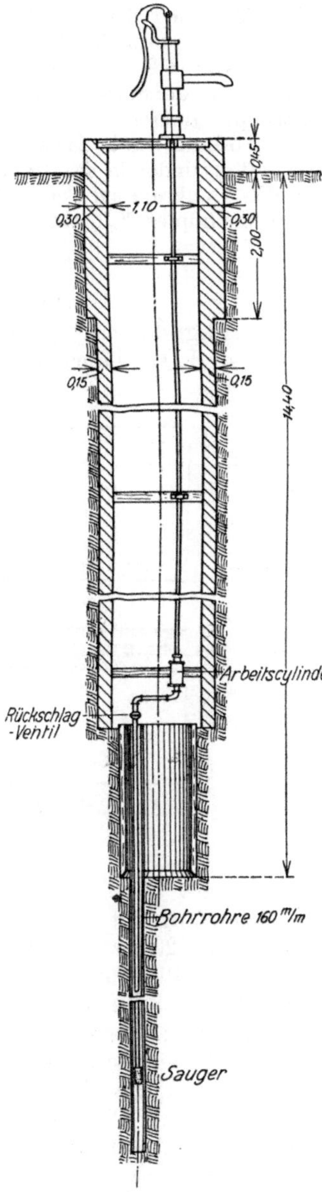

Abb. 100

den Brunnen dem Zwecke der Trinkwasserlieferung wieder zuzuführen, wurde in den Tegel ein Senkrohr auf zirka 40 m Tiefe eingebaut, wodurch das Wasser bis auf 38 m stark aufstieg. Der Brunnen wurde an der Sohle abbetoniert, die Büchse mit Schilf und Gespunst gut abgedichtet.

Sodann wurde eine einfache Pumpe aus Eisen mit tiefliegendem Arbeitszylinder in den Brunnen eingebaut, das Saugrohr verzogen in das Senkrohr auf 9 m ab Arbeitszylinder eingehängt. Nach gutem Durchschöpfen kam tadelloses reines Wasser aus dem Auslauf.

5. Die Senkgrube

Senkgruben sind so herzustellen, daß sie vollständig undurchlässig sind; sie dürfen nicht oberhalb dem Grundwasserstrich der

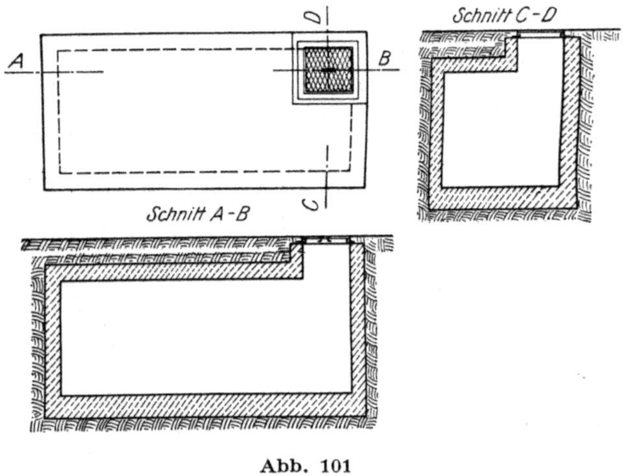

Abb. 101

Brunnen angelegt werden. Die Senkgrube selbst ist aus Stampfbeton mit 20 cm Wandstärke, 30 cm Bodenstärke armiert herzustellen. Die Wände müssen geschliffen werden, die Abdeckung ist armiert, 8 bis 10 cm stark, mit 60 × 60 cm Einsteigschacht herzustellen; über die Senkgrube kommt eine Anschüttung von 20 cm. Überläufe in nicht absolut dichte Rohre sind verboten.

Die fertiggestellte Senkgrube (s. Abb. 101) ist zu kommissionieren und auf Dichthalten zu prüfen. Zu diesem Zwecke ist sie mit Wasser bis 5 cm unter der Decke zu füllen; der Deckel ist amtlich zu versiegeln, nach drei Tagen zu öffnen und die Höhe des Wasserstandes zu prüfen. Undichte Senkgruben sind von der

Benützung auszuschließen. Ebenso sind die Zuläufe, Kanäle zu den Senkgruben einer Prüfung bezüglich Dichte, und zwar vor dem Zuschütten der Baugruben, durch reines Wasser zu unterziehen.

6. Die Düngergrube

Düngergruben sind vollständig wasserdicht herzustellen, so daß die Jauchenwässer nicht in den Boden eindringen können. Es ist Vorsorge zu treffen, daß bei starken Wolkenbrüchen, lang anhaltendem Regen oder überfüllten Düngergruben das überlaufende Wasser in absolut dichten Rohren abgeleitet wird.

7. Stickgase

Allen Brunnenbauern ist bekannt, daß sich leider nur zu oft Stickgase in Brunnen vorfinden. Muß jemand einen längere Zeit nicht abgedeckten Brunnen besteigen, so muß er sich vorher durch Hinablassen einer offenen Kerzenflamme überzeugen, daß keine Stickgase im Brunnen vorhanden sind. Sollte jedoch ein in der Nähe von Petroleum- oder Benzintanks oder chemischen Fabriken angelegter Brunnen abgeleuchtet werden, so warne ich davor, das mit offenem Lichte zu tun, da manchmal Explosivgase vorkommen. Solche Brunnen muß man einige Zeit unabgedeckt stehenlassen und sich etwa nach einer Stunde durch Hinabwerfen eines langen, am untersten Ende angezündeten Papierstreifens (Fidibus) überzeugen, daß keine Stick- oder Explosivgase vorhanden sind. Sind keine Stickgase vorhanden, so soll man den Versuch auch mit einer Kerze wiederholen. Brennt die Flamme weiter, ist die Luft einwandfrei, erlischt die Flamme, so enthält der Brunnen Stickgase und darf solange nicht bestiegen werden, bis die Stickgase entfernt sind. Sind Explosivgase vorhanden, so werden sie durch das hinabgelassene Licht entzündet, verbrannt und durch die erwärmte Luft entfernt. Bei Neugrabung von Brunnen hat man täglich in der Frühe vor dem Besteigen nachzusehen, ob sich Stickluft im Brunnen vorfindet.

In der Nähe des Grundwassers kommt es häufig vor, daß bei niederem Barometerstand Gase (meist vor Auftreten von Gewittern) aufsteigen.

Vorhandene Stickgase muß der Brunnenbauer mittels eines Ventilators (s. Abb. 102), Blasebalges (s. Abb. 103) oder auch mittels großdimensionierter Blechrohre, welche am obersten äußersten Ende einen Aufsatz haben, aus dem Brunnen absaugen, die Stickluft entfernen. Bei Schwergasen muß frische

Luft in den Brunnen eingetrieben werden. Brunnen mit eingebautem elektrischen Licht müssen ebenso wie längere Zeit nicht abgedeckte Brunnen vor der Besteigung mit offenem Licht abgeleuchtet werden, denn das elektrische Licht brennt nicht nur unter dem Wasser und in den Stickgasen, sondern auch in Explosivgas, ohne die gefährliche Luft anzuzeigen. Es ist daher bei elektrisch beleuchteten Brunnen am oder unmittelbar unter dem Brunnendeckel eine Warnungstafel auffallend anzubringen, daß dieser Brunnen ohne vorherige Ableuchtung mit offenen Licht nicht bestiegen werden darf.

Zur raschen künstlichen Entfernung von Stickgasen gibt es noch verschiedene andere Mittel, und zwar:

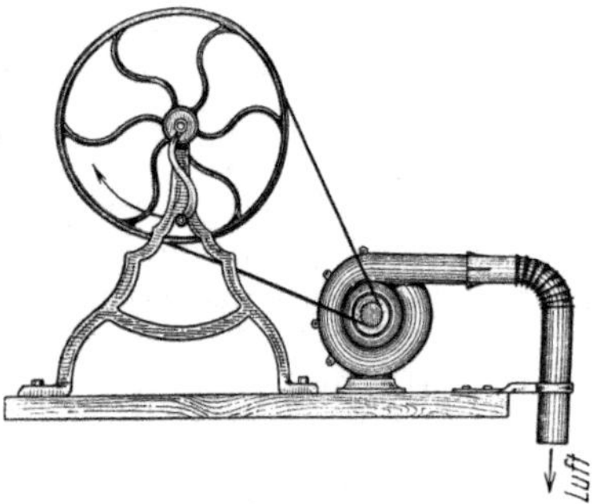

Abb. 102

Abb. 103

Man kann einen Kübel (Räumschaff) mit ungelöschtem Kalk, den man annetzt, also nur leicht feucht macht, herablassen und dadurch Wärme und Dampf erzeugen. Dabei findet die Reinigung der Luft dadurch statt, daß der heiße Dampf aufsteigt und die kalte frische Luft in den Brunnen fällt. Ein dauerndes Entfernungsmittel für Stickgase ist auch dieses Verfahren nicht.

Ein zweites Mittel für die erste Hilfe besteht in dem künstlichen Regen. Man gießt aus einer Gießkanne mit aufgesteckter Rose warmes Wasser in den Brunnen. Dieser künstliche Regen mischt die Luft durch das Hinabfallen der Tropfen, die einer Verdunstung entgegengehen. Weiters kann man auch durch rasches Hinablassen und Hinaufziehen eines großen Schaffes mittels eines Seiles die Luft im Brunnen so mischen, daß man denselben im Notfalle besteigen kann (Kolbenwirkung).

Am einfachsten und besten ist es jedoch, ein bis zwei Bund

Stroh am Ende eines Seiles anzubinden (im Notfalle können es auch Röcke usw. sein) und diese im Brunnen rasch auf- und abzuziehen. Auf keinen Fall jedoch darf man vergessen, den Brunnen neuerlich abzuleuchten; ich kann es nicht oft genug wiederholen: Ruhe und Vorsicht, auch wenn ein Unglück geschehen ist! Den Kopf nicht verlieren! Den Brunnen zuerst ableuchten!!! Es ist schon vorgekommen, daß bei Brunnen, die nur 6 m tief waren, wegen der Stickgase bei der Rettung fünf Personen nacheinander, also der Verunglückte und die Retter, das Leben lassen mußten, weil das unbedingt nötige Ableuchten des Brunnens und die Entfernung der Stickgase unterlassen wurde. Daher ist bei jedem Brunnen für eine Ventilation Vorsorge zu treffen, sofern sie sich als notwendig erweist.

8. Bergung Verunglückter

a) Bei Erstickungen infolge Gasen

Stürzt jemand in einen Brunnen, der Stickgase enthält, so ist sofort mit einer Gießkanne, die sicherlich überall vorhanden sein dürfte, künstlicher Regen (Berieselung) zu erzeugen, um die Gase zu zerstreuen und zu entfernen. Im Entfall können die Stickgase auch durch rasches Auf- und Abziehen eines Bundes Stroh oder locker zusammengebundener Kleider entfernt werden. Steht ein Blasebalg zur Verfügung, so können mit ihm in Verbindung mit Rohrleitungen die Stickgase aus dem Brunnen geblasen werden. Glaubt man auf die eine oder andere Art und Weise den Brunnen von Stickgasen befreit zu haben, so ist vor dem Besteigen jedenfalls die auf S. 129 beschriebene Vorsichtsmaßregel des Ableuchtens anzuwenden. Ergibt dieses Ableuchten den Nachweis, daß der Brunnen entgast ist, so kann das Besteigen stattfinden. Hiebei ist aber vorsichtshalber von den außenstehenden Personen auf den zur Rettung des Verunglückten in den Brunnen Steigenden zu achten, um ihm rechtzeitig beizustehen, falls er durch irgend welche Umstände (nicht völliges Entweichen der Stickgase) arbeitsunfähig werden sollte. Sind die Behelfe dazu vorhanden, so empfiehlt es sich, den Einfahrenden mittels Leine und Kreuzband über der Brust auf einem Reitsitzholz in den Brunnen herabzulassen, um ihn gegebenenfalls sofort wieder herausziehen zu können. Der Verunglückte selbst wird am besten mittels einer Decke geborgen. Diese Decke wird um den Verunglückten gelegt, die vier Enden der Decke werden oberhalb geknüpft und unter dem Knoten wird eine Leine durchgezogen, mittels der der Verunglückte aus dem Brunnen gezogen wird. Sollte sich der Verunglückte Beine oder Rippen gebrochen haben, so gibt man in die Decke ein starkes Brett, kurzen Prügel oder sonst irgend einen steifen Gegenstand, der verhindert, daß der Verunglückte durch das Zusammenziehen der Decke noch mehr beschädigt wird und Schmerzen leidet. Ist der Verunglückte ohnmächtig, so sind sofort und fortdauernde Wiederbelebungsversuche anzustellen. Es ist selbstverständlich, daß sofort bei Eintreten des Unfalles der nächste erreichbare Arzt zu verständigen ist.

b) Bei Verschüttungen

Bei Verschüttungen in einem seichten Brunnen (beispielsweise 6 bis 8 m), in dessen Nähe sich kein Gebäude befindet, gräbt man stufenförmig unter dem natürlichen Böschungswinkel in die Tiefe. Der natürliche Böschungswinkel gibt die Gewähr einer sicheren und raschen Eingrabung, vorausgesetzt, daß genug Leute vorhanden sind, die das Material auch aufwärts befördern (s. Abb. 104).

Der Halbmesser des Kreises, den man abzugraben beginnt, ist um die Brunnentiefe größer als der Halbmesser des Brunnens. Ist ein Gebäude in der Nähe, wird wie vor, jedoch nur im Halbkreis, eingegraben; die auf der Gebäudeseite befindliche senkrechte Wand ist dabei (wie Abb. 105 zeigt) zu pölzen.

Schwieriger gestaltet sich die Situation bei Brunnen größerer Tiefe. Bei solchen Brunnen, die meist durch zu tiefes, übermannstiefes Ausgraben (s. Abb. 106) einstürzen und den Mann verschütten, muß eine Rettungsbüchse angewendet werden (s. Abb. 108, IV. Schnitt C—D, S. 138). Bei Hinunterlassen der Rettungsbüchse ist darauf zu achten, daß sie die Wände des eingestürzten Brunnens nicht zu stark berührt und diese dadurch in die Tiefe reißt. Ist die Rettungsbüchse bis zur Sohle des Brunnens gelangt, so ist sie sofort außen so (wie auf S. 136 beschrieben) zu hinterfüllen, daß keine Hohlräume bleiben und keine Nachsetzungen im Mauerwerk stattfinden können. Ist die Büchse zu kurz, so hat eine zweite, ja sogar eine dritte aufgesetzt zu werden, die ebenfalls mit Mist hinterfüllt und mit der ersten verbunden wird, um beide gemeinsam versenken zu können. Hat die Büchse den Brunnen soweit gesichert, daß ein Einsturz über ihr unmöglich ist, so kann man in den Brunnen einfahren, darf jedoch nicht auf das Sturzmaterial steigen, um den Verunglückten, dessen Lage ja unbekannt ist, nicht noch mehr zu verletzen. Die Einarbeitung der Rettungsbüchse erfolgt wie auf S. 136 beschrieben.

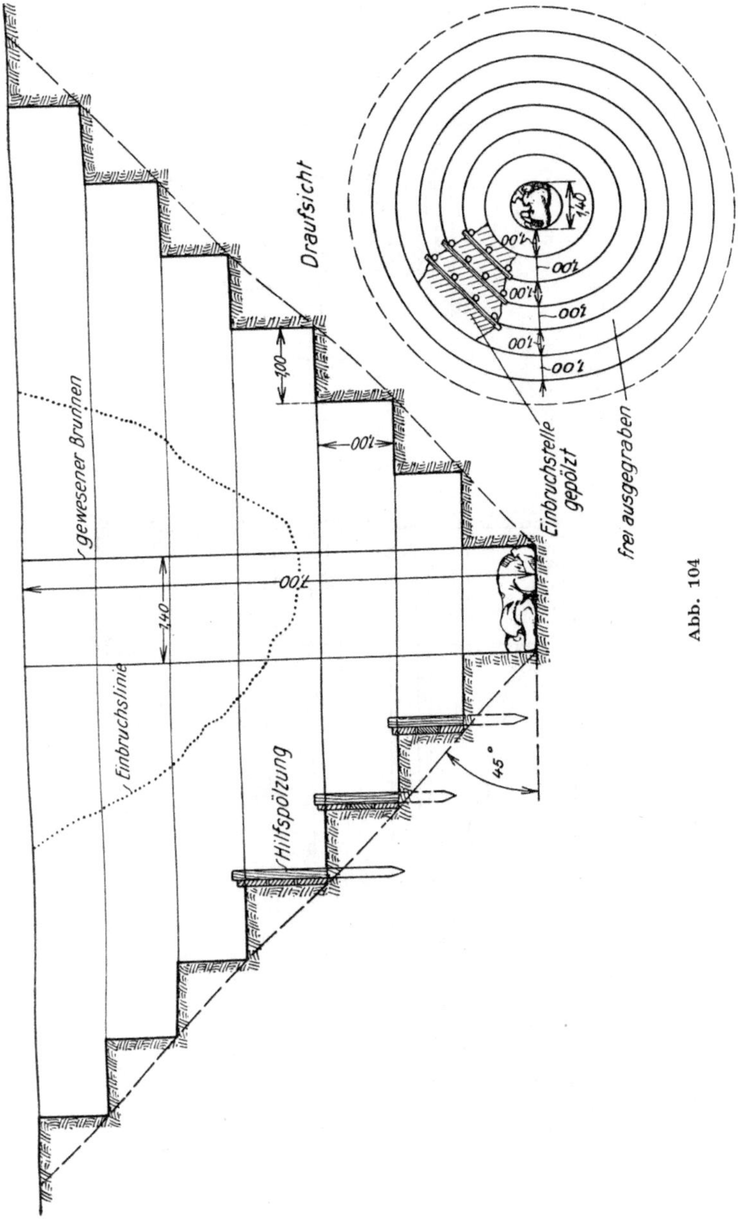
Draufsicht
1,40
1,00
1,00
1,00
1,00
1,00
1,00
Einbruchstelle gepölzt
frei ausgegraben
gewesener Brunnen
1,00
1,00
1,00
1,40
Einbruchslinie
Hilfspölzung
45°

Abb. 104

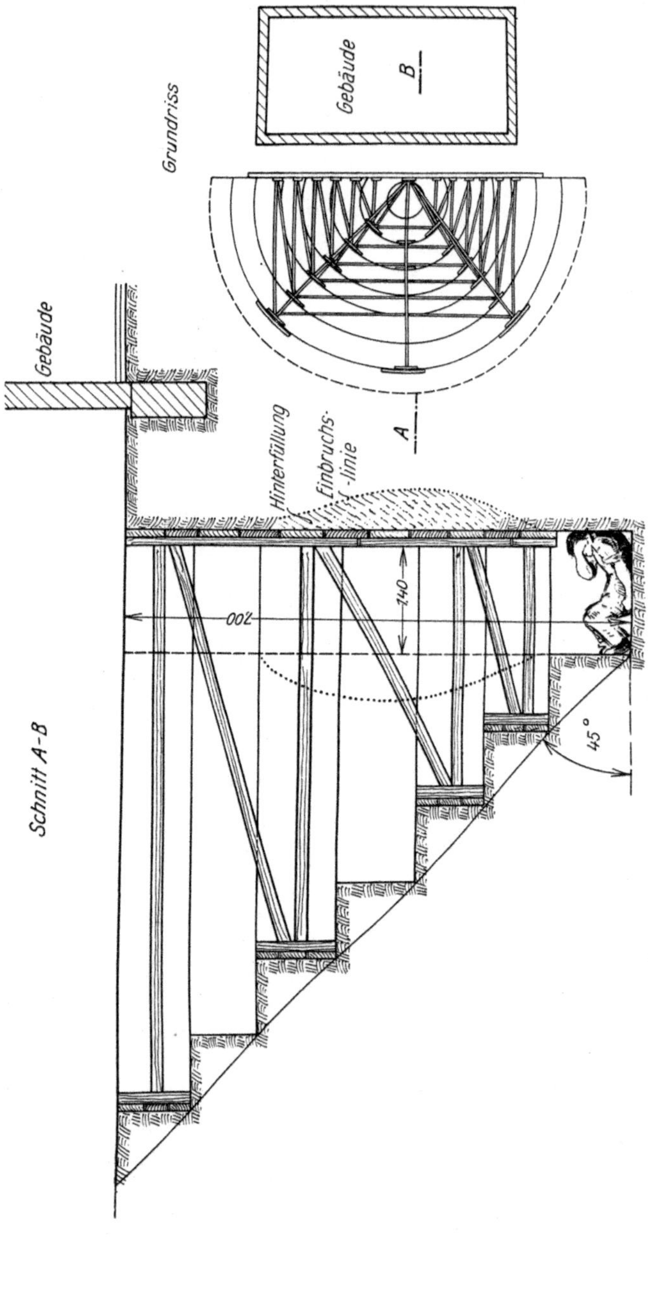
Grundriss
Gebäude
B
A
Gebäude
Hinterfüllung
Einbruchs-
-linie
140
200
45°
Schnitt A-B

Abb. 105

Die Bergung des Verunglückten erfolgt nach der Beschreibung auf S. 131, Abschn. 8 a.

Über einen vollkommen eingestürzten Brunnen größerer Tiefe (Ziegelbrunnen mit Gurten oder Betonringbrunnen) ist um den eingestürzten Brunnen ein vollständig neuer Brunnen abzuteufen, und zwar mit einem Durchmesser, der die Sicherheit gibt, jungfräulichen Boden als Basis der Gurten zu erhalten.

Hiemit sind zur Rettung Verunglückter einige allgemeine Richtlinien gegeben. Normalisieren lassen sich diese Rettungsarbeiten jedoch nicht. Ein tüchtiger und erfahrener Brunnenbauer wird nach Erfassen der Situation, der Bodenbeschaffenheit unter besonderen Verhältnissen den richtigen Weg finden, um den Verunglückten zu bergen und Mithelfende vor neuen Unglücksfällen zu schützen. Seitliche Stollen anzulegen oder zu glauben, daß man durch einseitige Pölzung in einen Brunnen mit mehr als 8 m Tiefe gelangen kann, ist Irrwahn. Versuche, die verschiedentlich unternommen wurden, haben nicht zum Ziel geführt. Eine Ausnahme machen höchstens in Tegel oder Fels gebaute Brunnen. Bei großdimensionierten

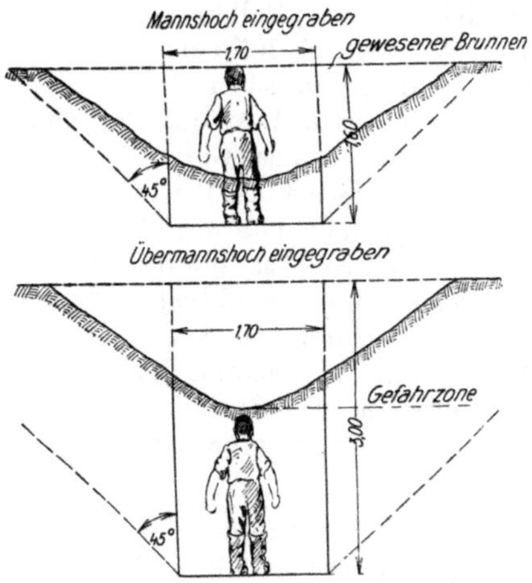

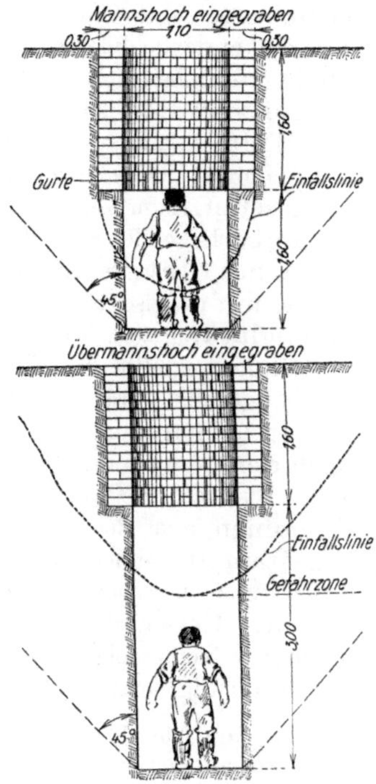

Abb. 106

Brunnen gibt die vorgenannte Abteufung die einzige Möglichkeit sicherer Arbeit, aber auch hier muß, wenn nötig, Gurte auf Gurte eingebaut werden, damit man die Strecke, in der sich durch den Einsturz das Material gelockert hat, sicher passieren kann. Zur Bergung braucht man ohnedies Platz in dem Brunnen, es schadet somit der große Durchmesser nicht, sichert vielmehr die Rettungsmannschaft. Man sieht, wie wichtig es ist, die für den Brunnenbau zu verwendende Büchse bei Beginn desselben sofort an Ort und Stelle zu haben, um sie bei Unglücksfällen auch als Rettungsbüchse verwenden zu können (s. S. 76, Abs. k).

Sollte sich in der unmittelbaren Nähe ein Gebäude befinden, so darf man sich bei einem solchen Unglücksfalle nicht mit einem Längsschlitz zum Verunglückten vorgraben, denn gerade auf der gegenüberliegenden Seite dieses Längsschlitzes herrscht der größte Druck des Gebäudes. Am besten dringt man im Halbkreise stufenförmig mit provisorischer Pölzung, wie die Abb. 105 zeigt, zu dem Verunglückten vor. Wenn das unter dem natürlichen Böschungswinkel hergestellte Einarbeitungsgebiet nach Abb. 105, Schnitt A—B, gepölzt wird, ist es ausgeschlossen, daß das Gebäude zum Senken gebracht oder die Rettungsmannschaft gefährdet wird. Nach der Bergung des Verunglückten kann die Pölzung nach und nach bis auf die Spundwände von unten nach oben herausgenommen, aber gleichzeitig muß das Schüttmaterial fest und gut eingestampft werden, da durch die nachträgliche Setzung des Schüttmateriales noch immer die Gefahr einer Senkung der Mauer besteht. Entschieden müssen Tragbäume und Stützen in umgekehrter Reihenfolge, wie sie eingebaut wurden, während der Verschüttung herausgenommen werden.

In den Abb. 107 und 108 sieht man die bedauerliche Folge der übermannshohen Eingrabung (2,50 m) für den Arbeiter. Nur der tadellosen Mauerung mittels Gurten (s. Teil I) hatte er es zu verdanken, daß das oberhalb befindliche Mauerwerk sicher und gut hielt. Teil IV zeigt die Rettungsbüchse, welche auf S. 76, Abs. k und S. 138, Abb. 108, IV beschrieben, Teil V den Schnitt durch dieselbe mit den bereits eingesetzten Roströhren und Stehladen sowie die Einfallslinie nach der Natur. Teil II bringt im Bilde die eingesetzte Rettungsbüchse und den Hohlraum mit Mist-, bzw. Strohhinterfüllung. Durch das Untergraben der Büchse setzte sich diese naturgemäß. Aus Teil III ist ersichtlich, daß die Roststäbe von unten nach aufwärts stehen. Der sich zwischen der letzten Gurte und Büchse ergebende Zwischenraum wurde mit Ziegeln ausgelegt, die auf dem hinter die Büchse eingebrachten Sand ruhten. Nun war man bei dem Verunglückten angelangt. Um den Körper des Verunglückten wurden vier auf Bretter aufgestellte

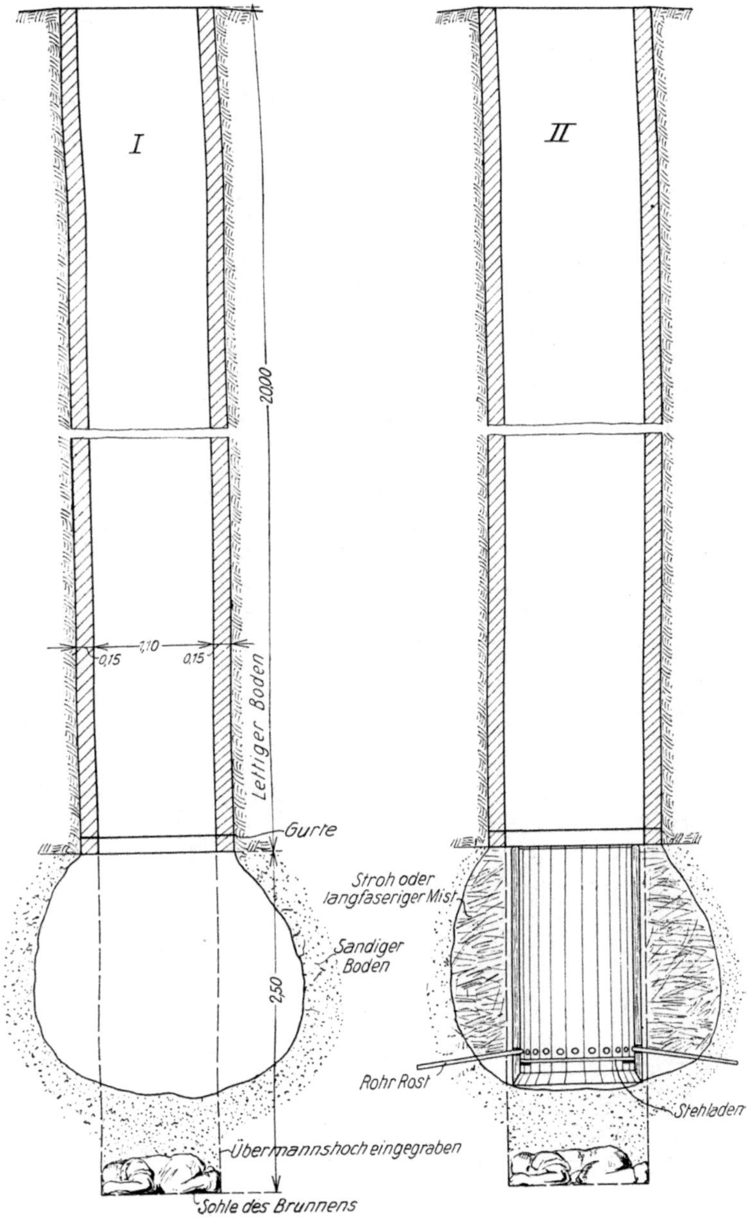
I
II
20,00
1,10
0,15
0,15
Lettiger Boden
Gurte
Sandiger Boden
2,50
Übermannshoch eingegraben
Sohle des Brunnens
Stroh oder langfaseriger Mist
Rohr Rost
Stehladen

Abb. 107

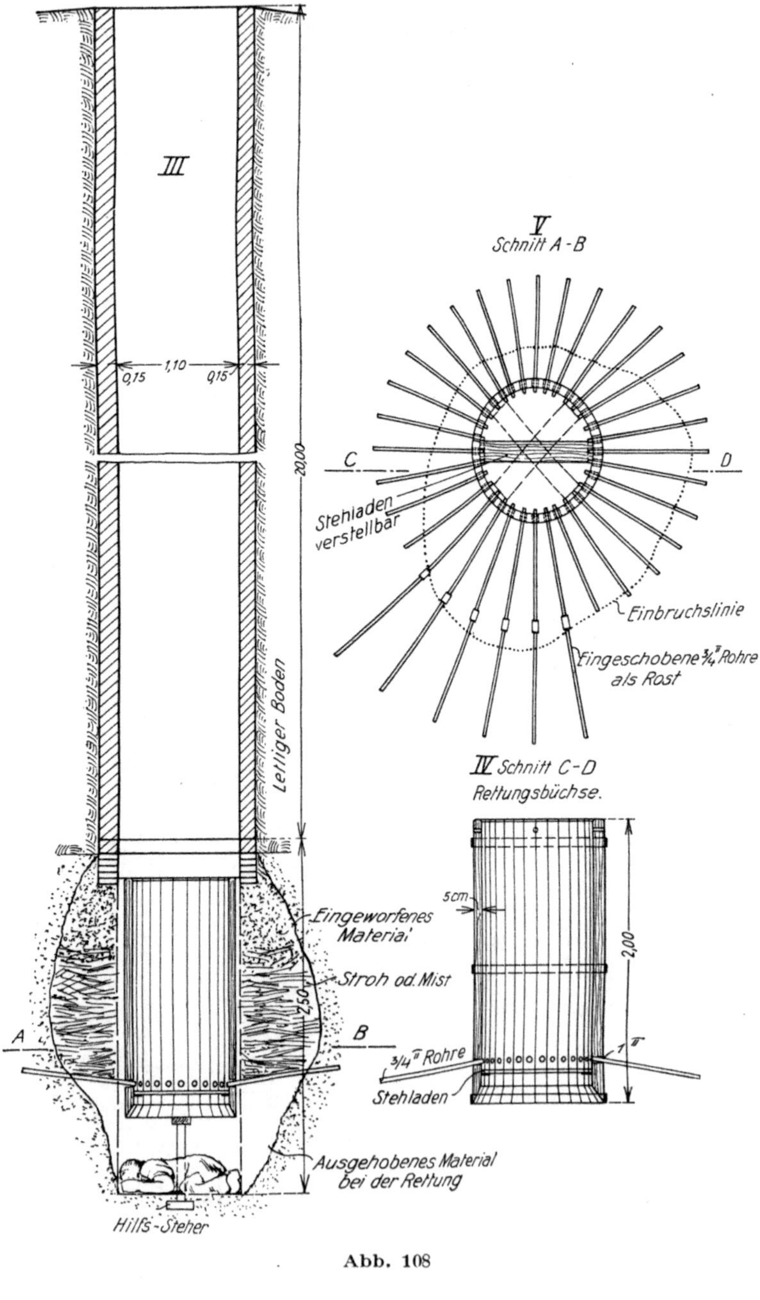
III
1,10
0,15
0,15
20,00
Lettiger Boden
Eingeworfenes Material
Stroh od. Mist
2,50
A
B
Ausgehobenes Material bei der Rettung
Hilfs-Steher
V
Schnitt A-B
C
D
Stehladen verstellbar
Einbruchslinie
Eingeschobene 3/4" Rohre als Rost
IV Schnitt C-D
Rettungsbüchse.
5cm
2,00
3/4" Rohre
1"
Stehladen

Abb. 108

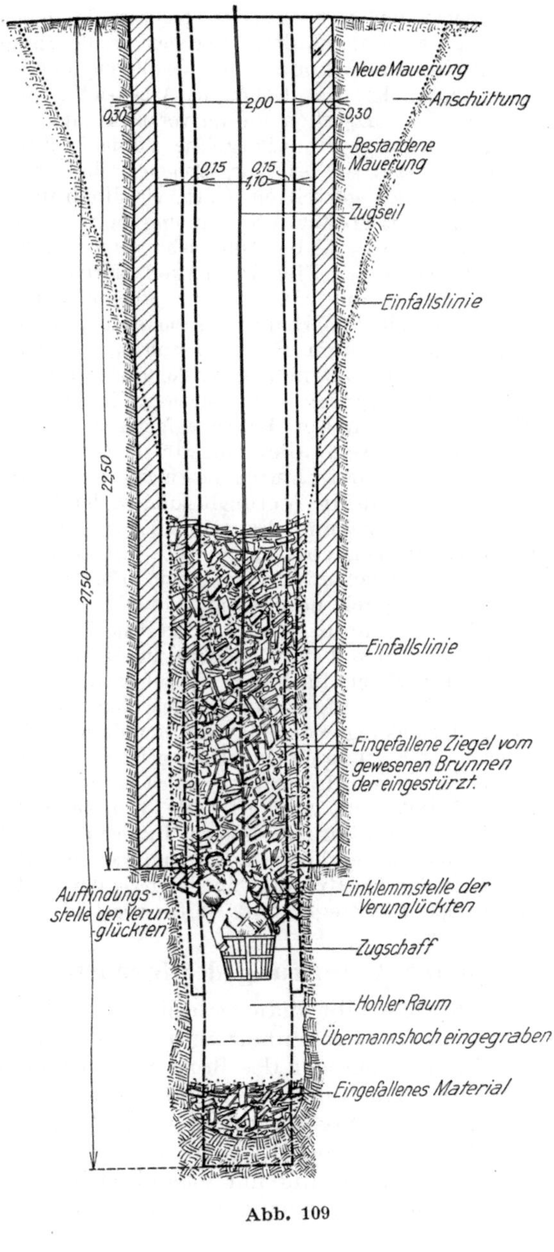
Neue Mauerung
Anschüttung
0,30
2,00
0,30
Bestandene Mauerung
0,15
0,15
1,10
Zugseil
Einfallslinie
22,50
27,50
Einfallslinie
Eingefallene Ziegel vom gewesenen Brunnen der eingestürzt.
Auffindungsstelle der Verunglückten
Einklemmstelle der Verunglückten
Zugschaff
Hohler Raum
Übermannshoch eingegraben
Eingefallenes Material

Abb. 109

Hilfssteher gegeben, und mit diesen Hilfsstehern das weitere Setzen der Rettungsbüchse hintangehalten. Nachdem so alle Sicherheitsvorkehrungen getroffen waren, konnte man den Verunglückten vollkommen freibekommen, ohne das Leben der Arbeitenden zu gefährden.

Da man die Einsturzstellen nie im voraus kennt, ist bei dieser Ausarbeitung (Abteufung) die allergrößte Vorsicht nötig, denn es kann vorkommen, bzw. es ist vorgekommen, daß sich plötzlich 30 cm unter der letzten gestellten Gurte ein Hohlraum fand, ein Hindernis, das nur mit großer Vorsicht umgangen werden konnte.

In der umseitigen Abb. 109 sieht man strichliert einen Brunnen angedeutet, dessen Ziegelmauerwerk durch unvorsichtiges Arbeiten zum Einsturz kam. Der Einsturz erfolgte so plötzlich und schnell, daß die beiden in dem Brunnen Arbeitenden, die das Unglück erkannten und rasch aus dem Brunnen wollten, sich nur mehr zu einer Höhe von zirka 3 bis 3½ m von der Sohle des alten bestandenen Brunnens emporziehen konnten. Sie hingen nun in dem engen Raum an dem Seil, mit welchem der Kübel aufgezogen wurde. Auf die Verunglückten schoppte sich alles eingestürzte Material auf, unter ihnen blieb ein Hohlraum frei. Durch das eingestürzte Material wurde das Seil so geklemmt, daß die Verunglückten an der Verschüttstelle wie ein Kork hängen blieben. Es wurde sofort mit dem Graben begonnen, wobei der Vorsicht halber die Ausgrabenden auf der gleichen Stelle stehen blieben. Trotz alledem erfolgte plötzlich eine neue Einsenkung, die durch beschleunigtes Graben, bzw. Beseitigen des Materials behoben wurde. Das Seil, an dem die Verunglückten hingen, wurde hiebei so weit wie möglich angespannt, wodurch es gelang, die Verunglückten halbwegs freizubekommen. Einer der Arbeiter konnte hierauf aufgezogen werden, während der andere bei neuerlicher Einsenkung von Material nur durch schnelles Anbinden an einen der Rettungsleute zutage gefahren werden konnte. Die Einsturzbewegung wurde sodann durch schnelles Zuschütten zum Stehen gebracht. Im Anfang hatte man versucht, mittels Pölzung zu den Verunglückten zu kommen. Da aber der Brunnen vom Niveau bis zur Sohle in Schwimmsand stand, war eine Pölzung unmöglich und es mußte der Brunnen im Interesse der Sicherheit der Bergungsmannschaft mit Ziegel und Gurten abgeteuft werden.

9. Die Abdeckung der Brunnen

Normalen Brunnen gibt man bei einfacher Ausführung eine Brunnenabdeckung aus Lärchenholz in einem Falzrahmen, deren Stärke nach dem Durchmesser des Brunnens bemessen wird. In besserer Ausführung erhalten sie armierte Betondecken in Falzrahmen, etwas über das Niveau aufgemauert. Bei abschüssigem Terrain wird jeder Brunnen 30 bis 40 cm erhöht über Terrain gemauert und seine Umgebung mit wasserdichtem Material abgedeckt. Größere Brunnen, über welche Fuhrwerksverkehr geht, bekommen eine wasserdichte armierte Betondecke, eventuell mit Unterzug, um den Brunnen bei Befahren vollständig zu sichern. Von der Abdeckung bis zum Terrain wird ein kurzer Schacht hergestellt, der mittels eines gußeisernen Deckels 60 × 60 cm verschlossen wird. Dieser gußeiserne Deckel wird gegen Eindringen von Tagwässern in Glaserkitt gelegt. Ferner können solche Brunnen (Versenk-, Großmaschinen- oder Büchsenbrunnen) mit Ziegel eingewölbt werden. Auf diese Ziegelwölbung kommt eine Betonresche und darüber 50 cm Anschüttung mit fäulnisfreiem Material, um die Last und den Stoß der Fuhrwerke zu verteilen. Die Betonresche wird an ihrer Oberfläche gut geglättet und mit einem wasserdichten Anstrich versehen, so daß Flüssigkeiten nicht in den Brunnen eindringen können. Selbstverständlich wird um den gußeisernen Deckel herum ein eigener wasserdichter Abschluß durch Pflaster gegeben, z. B. Pflastersteine in Zementmörtel, Asphalt oder auch eine eigene starke Betonschicht, die jedoch armiert sein soll, da der Brunnen nach dem Bau durch vieles Schöpfen meist etwas entsandet wird und daher die Basis und Umgebung etwas nachgibt.

IV. Die Pumpen

Die Pumpe dient zur Förderung des Wassers aus dem Brunnen. Da es genug gute Bücher über Pumpen gibt, werde ich nur kurz verschiedene Systeme schematisch und zeichnerisch darstellen und zur Orientierung für den jungen Brunnenmeister beschreiben.

Die Holzpumpe (Abb. 110) besteht aus dem unteren Saugrohr (Schlundrohr), in dessen oberstem Ende und Mitte ein Rastventil eingesetzt ist; am Ende des Saugrohres befinden sich die Sauglöcher. Auf dieses Rohr wird das Stiefelrohr aufgesetzt, welches seinen Namen von dem eingesetzten Arbeitszylinder aus Messing (Stiefel) führt. Auf das Stiefelrohr kommen die Unterschlagrohre (Zwischenrohre) bis zirka 1½ m unter dem Brunnendeckel, auf die das außenstehende Doggenrohr (Auslaufständer) mit Auslaufrohr aufgesetzt wird. Das Doggenrohr hat am äußersten Ende den Kopf angebracht, in dessen Einschnitt sich der ungleichschenklige Wagbaum bewegt, an seinem kurzen Ende das Trageisen mit dem kurzen Wagbaumnagel und im Kopf selbst den langen Wagbaumnagel als fixe Achse. Am äußersten Ende des Wagbaumes ist die Schöpfstange in der Schöpfstangenhülse scharnierartig befestigt. Vorbeschriebene Gegenstände sind im einzelnen aus Tafel II und III. S. 36 und 38 zu ersehen. Die

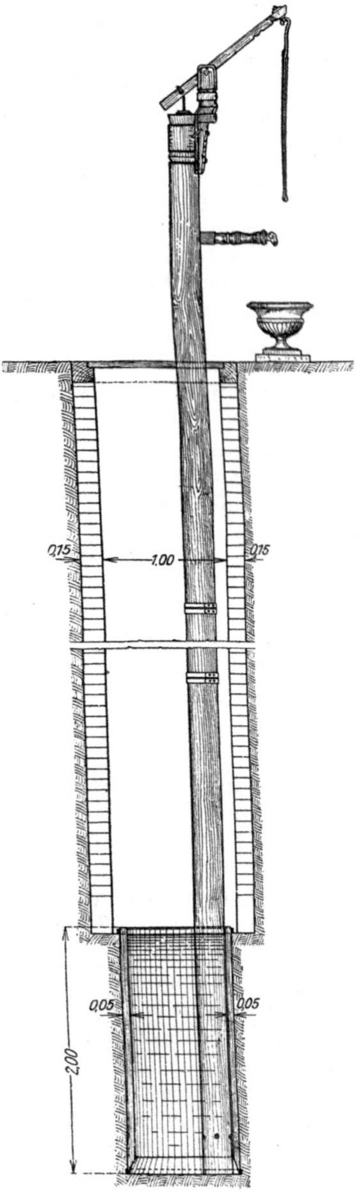

Abb. 110

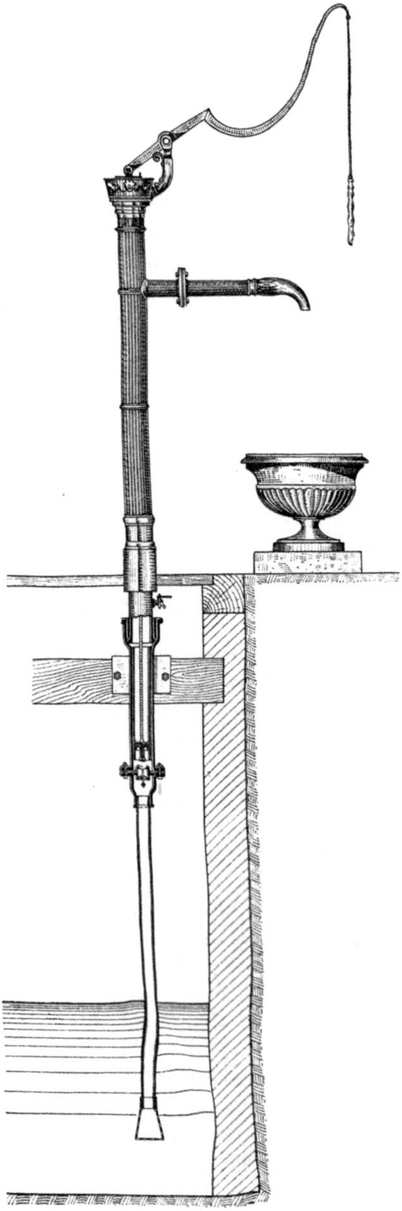

Abb. 111

Holzrohre, welche durch eine Stoßbüchse innig verbunden sind, werden mit einem Rohrfuchs eingetrieben (s. Tafel II und III).

Durch die Hebung des kürzeren Wagbaumarmes wird der Kolben aufgezogen, zwischen Kolben und Ventil entsteht ein luftleerer Raum (Vakuum), so daß der äußere Luftdruck, der auf dem Wasser ruht, das Wasser vom Brunnen durch das Saugrohr in den nun entstandenen luftleeren Raum hineindrückt. Durch das Senken des durchlöcherten Kolbens wird das Ventil geschlossen, der Kolben durch das Wasser durchgedrückt, um beim Heben der Wassersäule durch Schließen des Kolbenleders neuerlich Vakuum zu erzeugen. Dieser Vorgang wiederholt sich, solange geschöpft wird. Bei ruhender Wassersäule dient nicht nur Kolben und Saugventil als Absperrmittel, sondern auch das Rastventil. In das Schlundrohr mit einer Länge von 5 bis 6 m muß ein Rastventil eingebaut werden, denn das Schlundrohr ist schwach und kann keinen Druck aushalten, während Stiefel und Unterschlagrohre einen Druck auszuhalten haben, daher stark sein müssen. Bei sehr tiefen Brunnen, aus denen man mit Holzpumpe das Wasser in höher gelegene Reservoire drücken will, werden nicht nur die starken Stiefelrohre, sondern auch die aufgesetzten, zigarrenförmig gearbeiteten Zwischenrohre mit aufgetriebenen Schmiedeeisenreifen versehen, damit sie durch den Druck der Wassersäule nicht gesprengt werden. Bei Holzrohren mit großer Bohrung (4-Zoll-Bohrung) für großen Wasserbedarf werden Doggenrohre nach Abb. 114 aufgesetzt, um das Wasser bei dem oberen Auslauf nach Absperrung des unteren Auslaufes zum Füllen für Fässerwagen, zum Straßenspritzen oder Feuerlöschen, zu erhalten. Bei normalen, nicht tiefen Brunnen, in die der Schlauch von der Feuerspritze eingehängt werden kann, werden meist nur einfache Pumpen, bei tiefen Brunnen jedoch großzylindrige Pumpen verwendet.

Die eiserne Pumpe (s. Abb. 111) gleicht in ihrer Konstruktion der Holzpumpe; während jedoch die Holzpumpe auf der Sohle des Brunnens aufgestellt werden kann, muß die eiserne Pumpe an einem eingemauerten Tragbaum befestigt werden. Sie trägt am Ende des Saugrohres einen Saugkopf und kann auch ein Saugventil als Rastventil, je nach der Tiefe des Wassers bzw. der Länge des Saugrohres, bekommen. Zum Schutze gegen Beschädigung durch Einfrieren erhält sie einen Winterentleerungshahn, der im Herbste geöffnet und im Frühjahre geschlossen wird. Dieser Hahn muß einen nach abwärts geneigten Auslauf und darf keinen wagrechten Austritt haben, damit weder die Mauer unterwaschen wird, noch durch das ausspritzende Wasser, Schmutz in das Wasser kommt. Die beschriebenen Pumpen sind mit ausziehbarem Gestänge versehen; doch gibt es auch Ausführungen mit nicht ausziehbarem Gestänge. Bei letzteren kommen zwischen Stiefel (Arbeitszylinder) und außenstehendem Doggenrohr verzinkte Schmiedeeisenrohre als Verbindung. Bei hohem Wasserstand im Brunnen ist die Reparatur einer solchen Pumpe sehr unangenehm, weil das Wasser bis zum Arbeitszylinder abgeschöpft werden muß, was Zeit und Geld kostet, während bei einer Pumpe (s. Abb. 111) mit gleichmäßig weiten Rohren bis zum Arbeitszylinder der Kolben durch das Gestänge zutage gefördert, frisch mit Leder versehen, wieder in die Pumpe eingelassen werden kann und diese sofort betriebsbereit fertig ist.

Die Rotationspumpe, auch Zentrifugalpumpe genannt, ist eine Schleuderpumpe, die durch den Lauf in der Richtung des Pfeiles der Abb. 112 durch die Zentrifugalkraft die Luft aus der Mitte herausschleudert, dadurch ein Vakuum erzeugt und Wasser ansaugt. Diese Pumpe hat nur am Ende des Saugers ein Ventil, ist daher auch für Brunnenbauzwecke, und zwar um so mehr geeignet, da sie nicht so empfindlich ist wie eine Kolbenpumpe. Es gibt verschiedene Arten von Rotationspumpen, deren Beschreibung jedoch über den Rahmen des Buches hinausgeht.

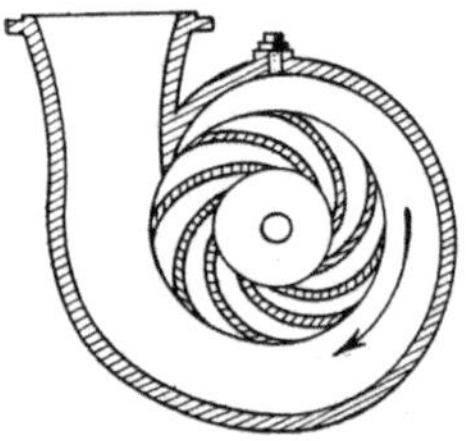

Abb. 112

Abb. 113. Eine wie die Holzpumpe (Abb. 114) konstruierte Eisenpumpe für denselben Zweck.

Abb. 115. Eiserne Pumpe mit Stopfbüchse, Schwungradständer, Druckwindkessel und einem Auslaufständer mit Hahn zum Füllen von Wasserwagen sowie eine Abzweigleitung für Füllung von hochgelegenen Wasserbehältern (Reservoirs).

Abb. 116. Eiserne Pumpe in einem Brunnen, seitlich von einem Gebäude sowie eine zweite Pumpe in demselben Brunnen, im Kellerlokal mit einem verzogenen Sauger eingebaut. Beide Pumpen sind analog der auf S. 142 beschriebenen Pumpe Abb. 111. Die Anordnung folgte daraus, daß sich der Hausbesitzer das Recht erworben hatte, Wasser aus dem Nachbarbrunnen entnehmen zu dürfen.

Abb. 117. Eine Tiefbrunnenpumpe in einem 30 m tiefen Brunnen, der im Sommer 4 m und im Frühjahre zirka 20 m Wasserstand aufwies. Der Brunnen wurde für Fabrikszwecke in einem Maschinenhaus im III. Wiener Bezirk erbaut. Die Pumpe hatte ein ausziehbares Gestänge und Stopfbüchse mit vierzölligem Arbeitszylinder, unter dem Brunnendeckel eine doppelte gekröpfte Kurbelwelle mit Schwung-

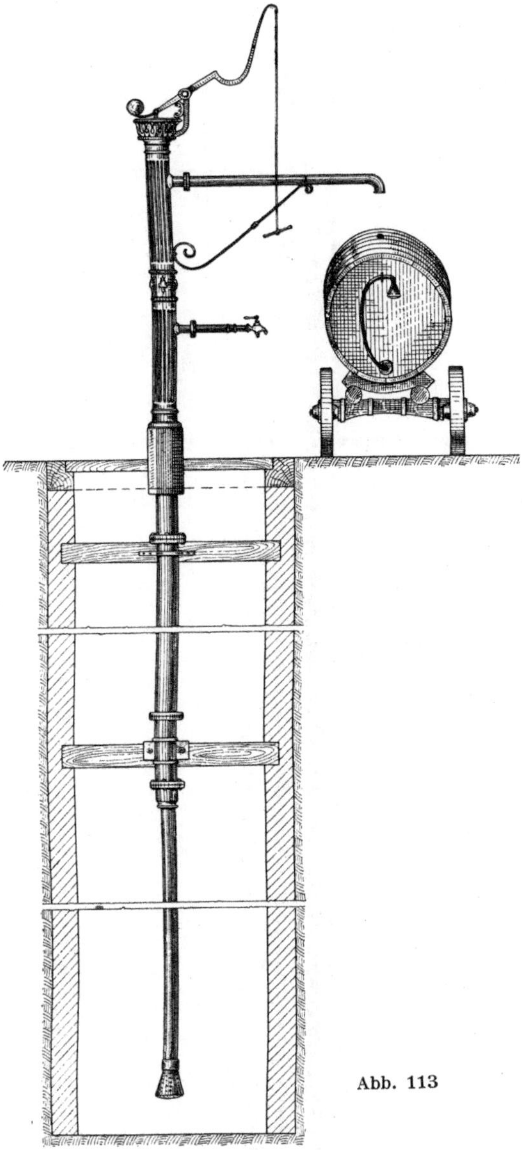

Abb. 113

rad. Da das Wasser auf dem Dachboden in das Reservoir gepumpt werden mußte, wurde unmittelbar bei der Pumpe ein Windkessel eingesetzt.

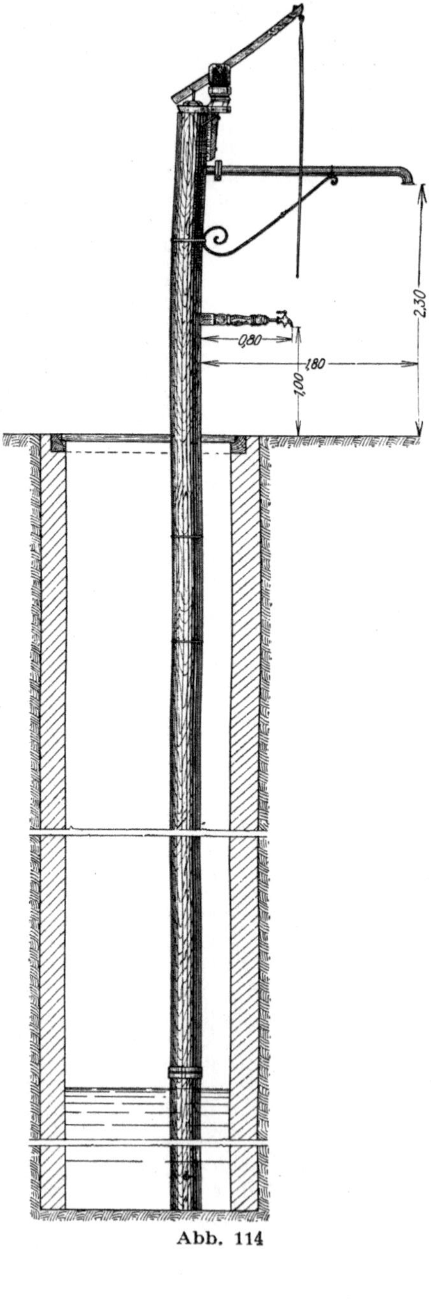

Abb. 114

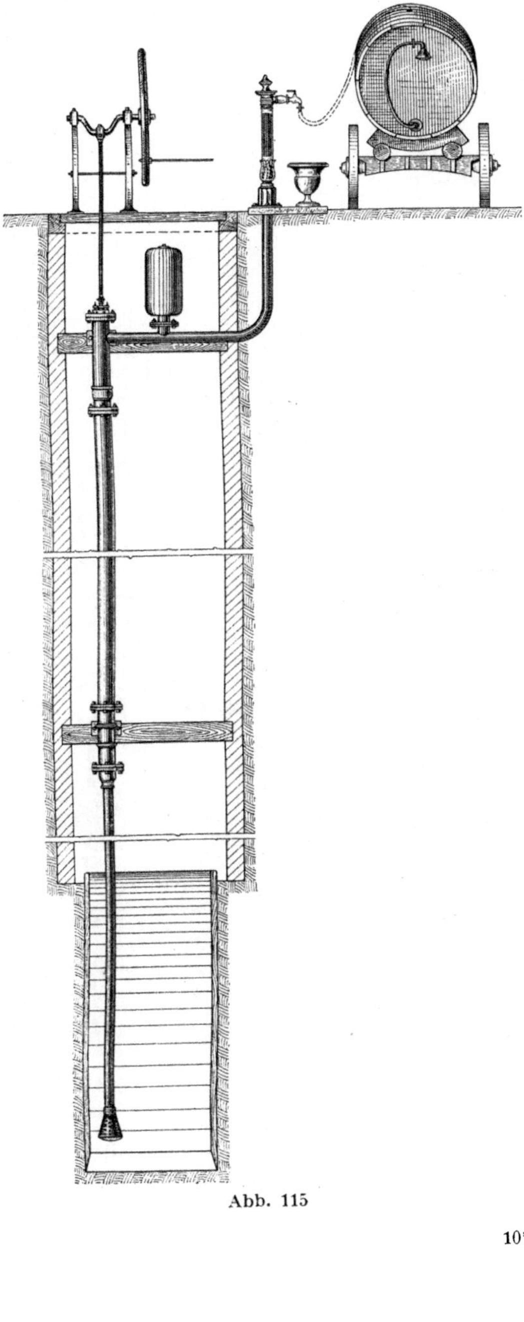

Abb. 115

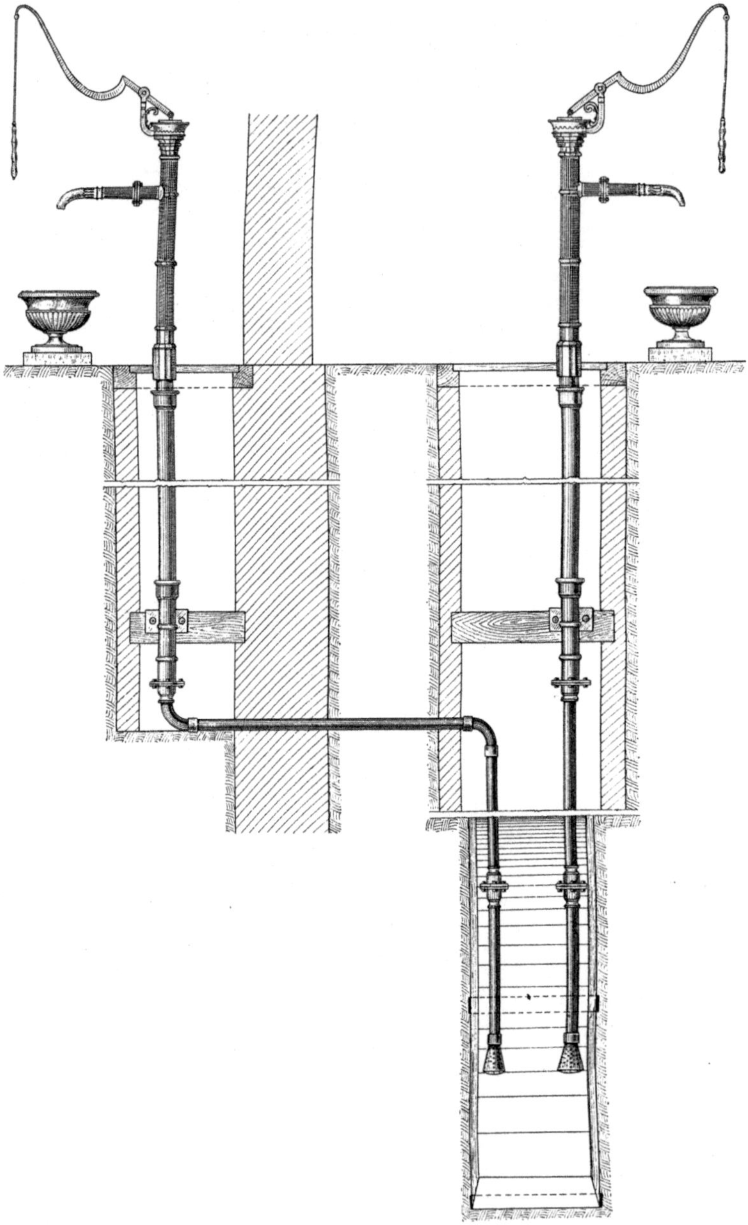

Abb. 116

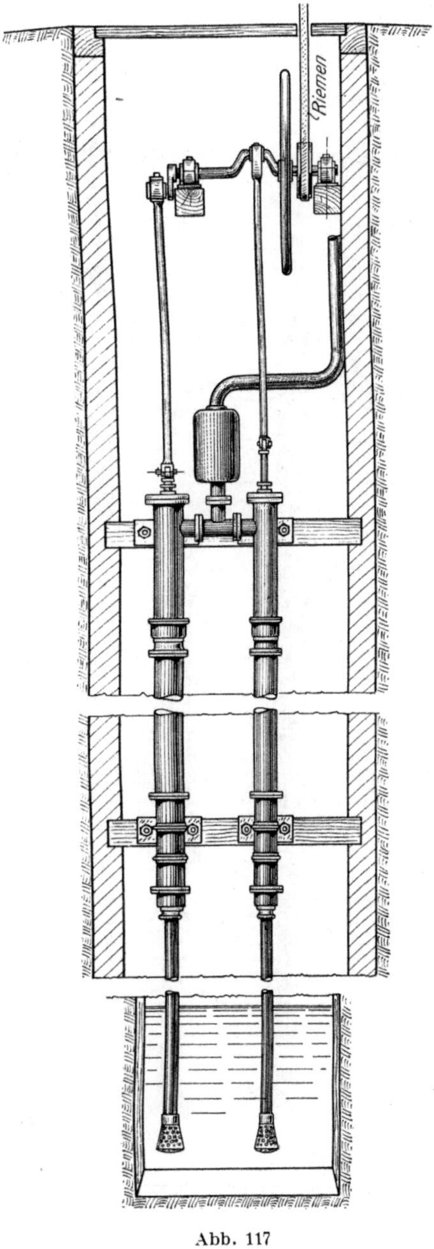

Abb. 117

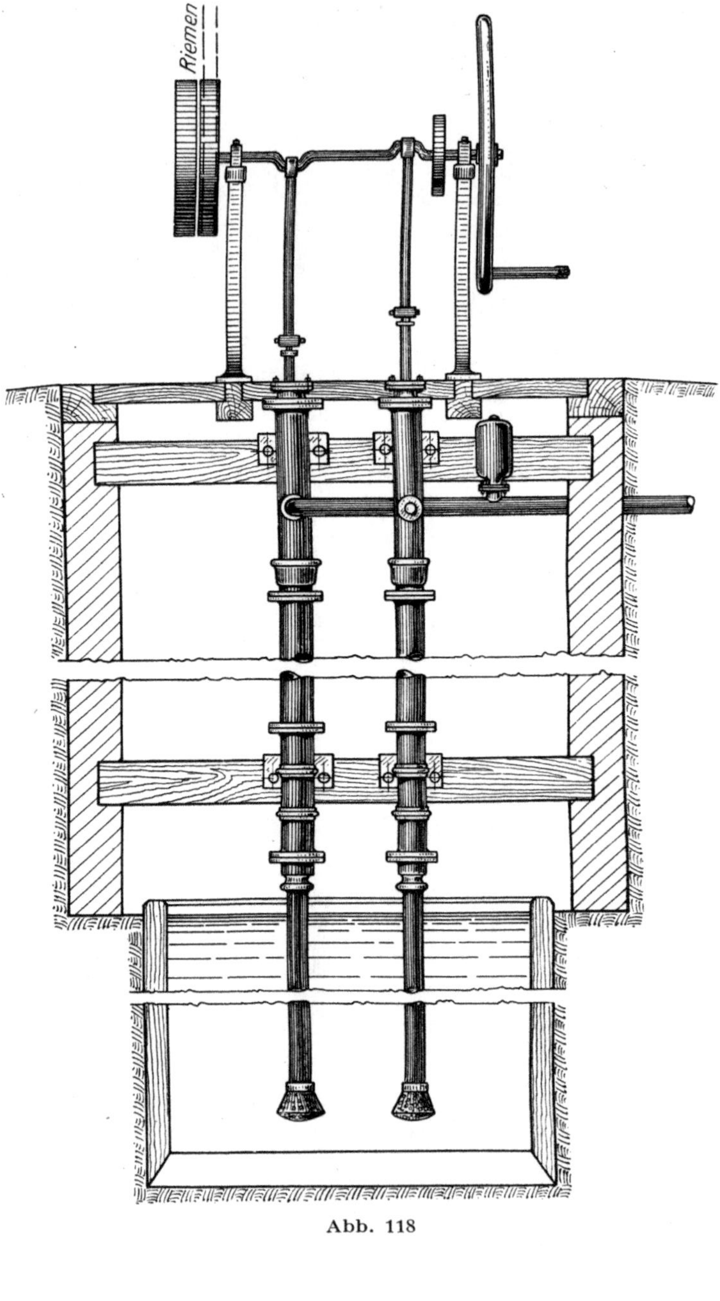

Abb. 118

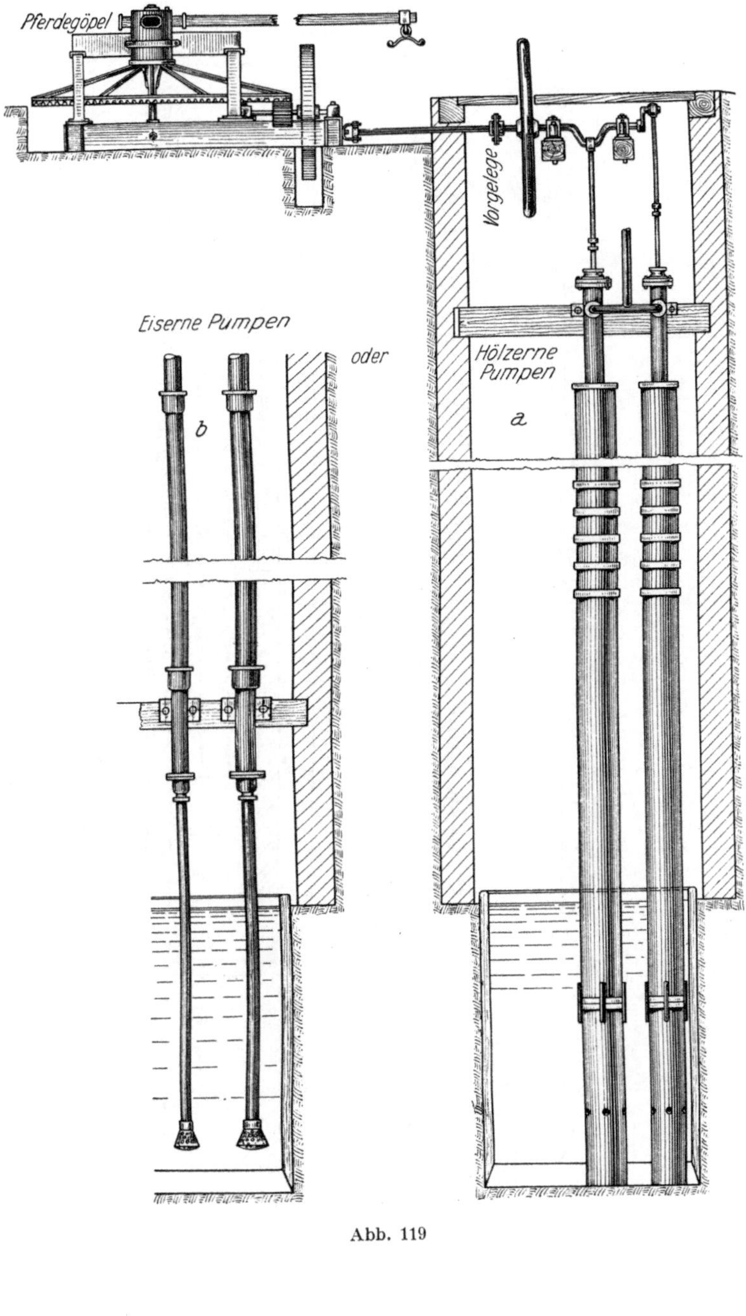
Pferdegöpel
Vorgelege
Eiserne Pumpen
oder
Hölzerne
Pumpen
a
b

Abb. 119

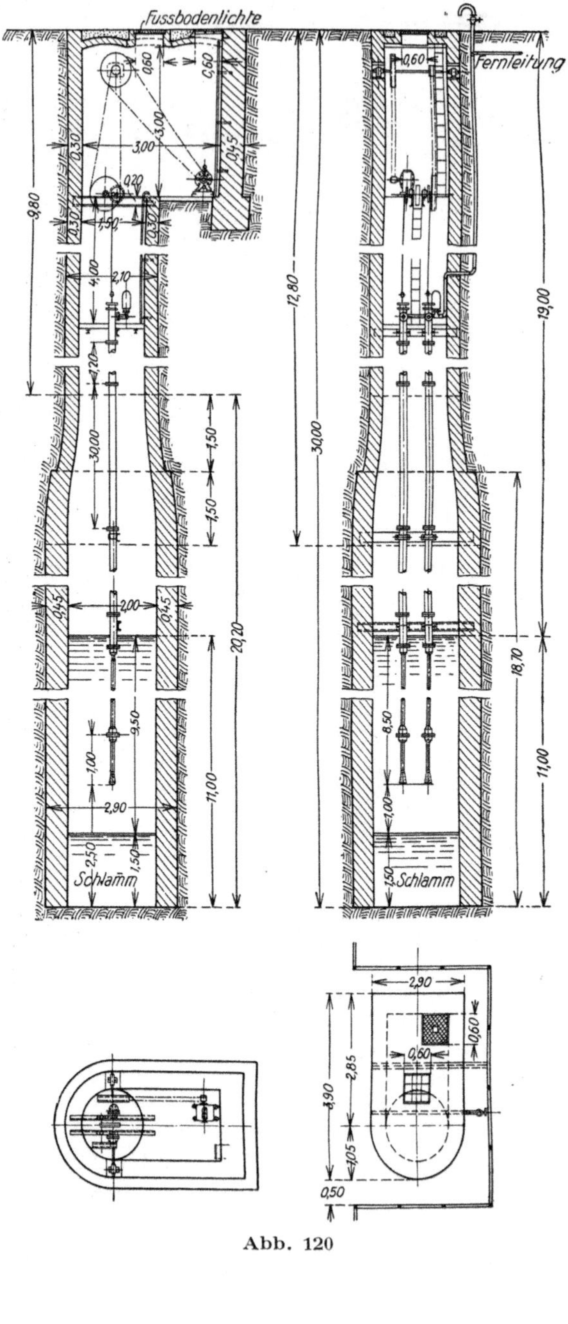

Abb. 120

Abb. 118. Eine ähnliche Pumpe, jedoch mit Schwungradständer, Schwungrad mit abnehmbarer Kurbel und Riemenscheibe, da bei Betriebsstillstand die Pumpe zum Wasserschöpfen für die Kesselfüllungen benützt wurde. Der Brunnen hatte ebenfalls einen wechselnden Wasserstand, weshalb die Pumpe mit ausziehbarem Gestänge versehen war. Der Brunnen wurde für eine Lederfabrik in Niederösterreich erbaut.

Abb. 119. Eine Holzrohrpumpe sowie linksseitig eine eiserne Pumpe. Beide sind für Reservoirfüllungen mit Stopfbüchse und Kurbelantrieb, der direkt an einem Pferdegöppel angekuppelt ist, konstruiert. Die Holzrohre wurden wegen des großen Wasserdruckes mit Eisenreifen beschlagen. Die Pumpen wurden auf einem Gutsbesitz in Ungarn in fünf neugebauten Brunnen montiert. Es kamen drei Holzpumpen, zwei Eisenpumpen und fünf Pferdegöppel in Verwendung, die die Aufgabe hatten, ein auf dem Berg befindliches Reservoir für Herrschaftsgebäude, Garten und Meierhof mit Wasser zu versorgen.

Abb. 120. Vollständige Brunnenanlage mit Pumpe und Podest. Der Brunnen hatte 30 m Tiefe, stand in tegelig-sandigem Grunde, besaß im oberen Teil 1,50 m Lichtweite und 30 cm starke Mauerung, im unteren Teile 2 m Lichte und 45 cm starke Mauerung. Als die Tiefe von 30 m erreicht war, stieg das Wasser plötzlich auf eine Höhe von 20,20 m. Wie aus der Draufsicht zu ersehen ist, wurde in einem unmittelbar angeschlossenen Raum von 3 m Tiefe, 3 m innerer Lichtweite der Längsseite sowie von 1,50 m der Schmalseite der Elektromotor, die Transmission und das Pumpengetriebe untergebracht. Der Brunnen wurde eingewölbt, bekam einen 60 × 60 cm Einsteigdeckel sowie einen 60 × 60 cm Glasdeckel zur Belichtung des Pumpenraumes. Unter der Sohle des Pumpenraumes wurde der Schlußpodest versetzt und oberhalb desselben die Stopfbüchse sowie der Windkessel untergebracht. Man ersieht aus den Schnitten, daß die Pumpe zweizylindrig war. Im Frühjahr stieg das Wasser bis auf 1 m unter dem Abschlußpodest. Die Pumpe hatte die Aufgabe, das Wasser in das auf dem Dachboden eines dreistöckigen Gebäudes befindliche Reservoir zu fördern. Beim Auftrieb des Wassers wurde 1,50 m Schlamm und Sand von der Sohle aus aufgetrieben. Zur Abhaltung dieses Schlammes von der Pumpe wurde eine 50 cm Schotterlage gegeben. Die Anlage wurde für das Hengstendepot in Göding hergestellt.

Abb. 121. Normaler Haustrinkwasserbrunnen wurde, um gutes Trinkwasser zu erhalten, in einem weit vom Haus abgelegenen Garten, entfernt von allen Abwässern angelegt. Zur Bewässerung des Gartens wurde in diesem Brunnen eine Schwarzföhrenholzpumpe eingesetzt, für den Hausbedarf jedoch im Hofe ein zirka 1,40 m tiefer Pumpenschacht zur Aufnahme des Arbeitszylinders einer eisernen Pumpe vorgesehen und in diesem Pumpenschacht ein Saug-Windkessel gegeben (derselbe kann aber auch im Brunnen selbst angebracht werden), um eine gute Funktion der langen Saugleitung zu gewähr-

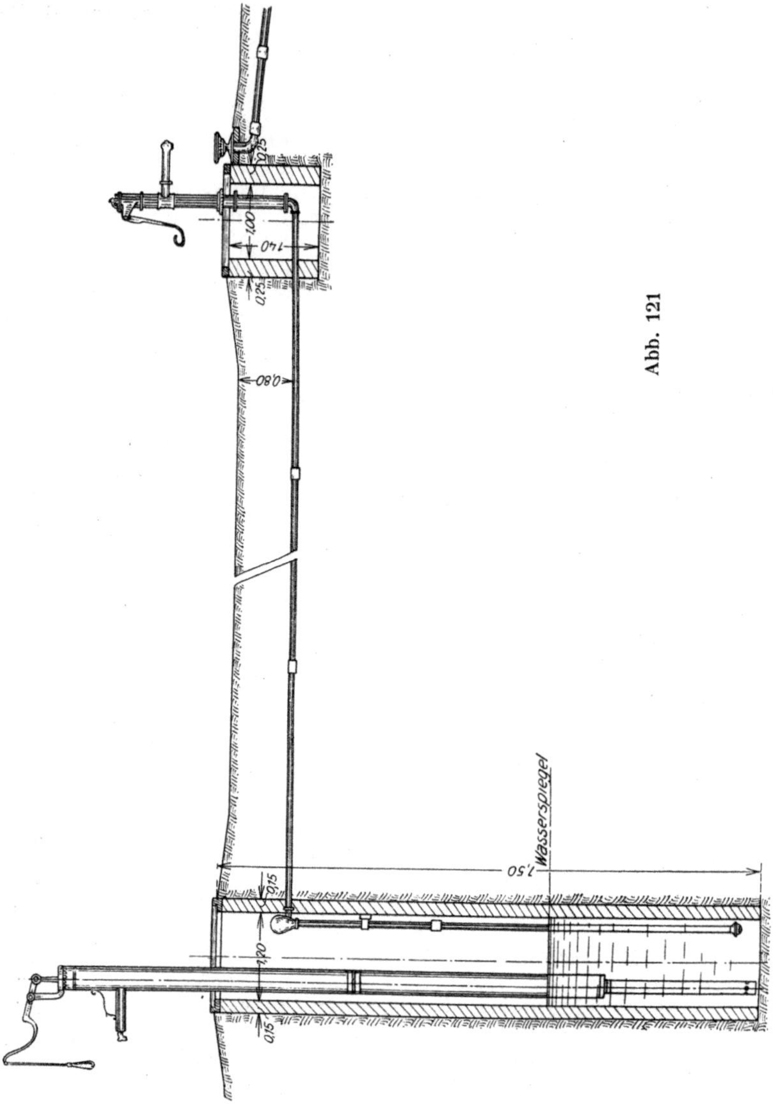

Abb. 121

leisten. Die Saugleitung hatte eine Länge von 350 m. Bei dieser Anordnung ist zu beachten, daß bei einer größeren Tiefe als 7 m der Arbeitszylinder der herkömmlichen Pumpen so tief eingesetzt werden muß, daß man ab Ventil 7,50 m Saughöhe erhält. Da in unserem Falle der Brunnen 7,50 m tief war, betrug die Pumpenschachttiefe nur 1,40 m. Solche Anlagen wurden wiederholt in allen ehemaligen Kronländern ausgeführt; die Anlage steht in Schlesien und versagte nie. Wegen der langen Saugleitung und der verzinkten Rohre mußte nach der Montage vor Gebrauchnahme täglich eine Viertelstunde gepumpt werden, bis alle Spuren von den verzinkten Rohren verschwanden. Durch die Selbstinkrustation der Rohre wurde nach einiger Zeit das Wasser in tadelloser Form geliefert.

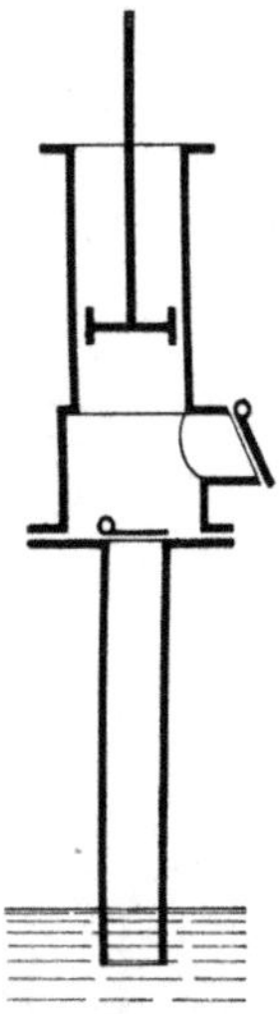

Abb. 122

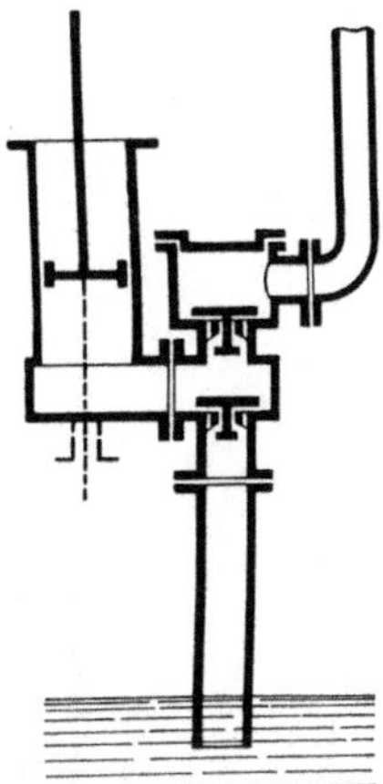

Abb. 123

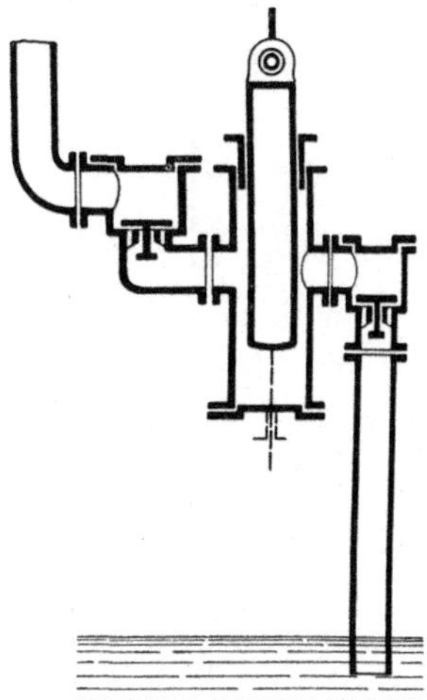

Abb. 124

Schematische Darstellung von Pumpen

Abb. 122. Einfache Saug- und Druckpumpe.
,, 123. Dieselbe Pumpe mit seitlichem Zylinder.
,, 124. Saug- und Druckpumpe mit Plungerkolben.
,, 125. Doppelwirkende Saug- und Druckpumpe.
,, 126. Saug- und Druckpumpe ohne Saugventil.
,, 127. Saug- und Druckpumpe mit Saugwindkessel.
,, 128. Dieselbe Pumpe, jedoch mit Druckwindkessel.
,, 129. Einfaches Messingkegelventil.
,, 130. Kugelventil.
,, 131. Plattenventil mit Feder für schnellaufende Pumpen.
,, 132. Stufenventil für großdimensionierte Pumpen.
,, 133. Schliffventil mit Scharniere.
,, 134. Gummiklappenventil.

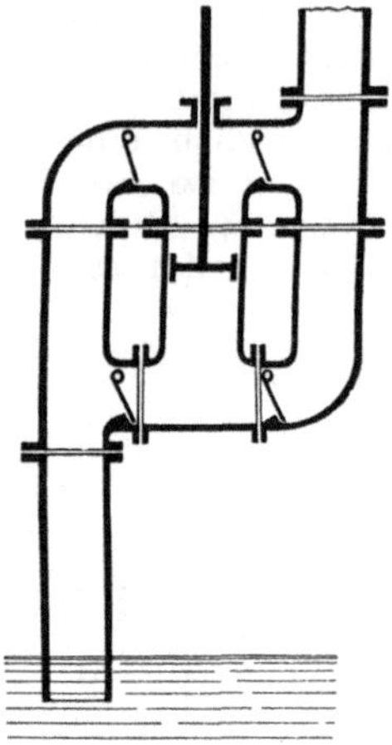

Abb. 125

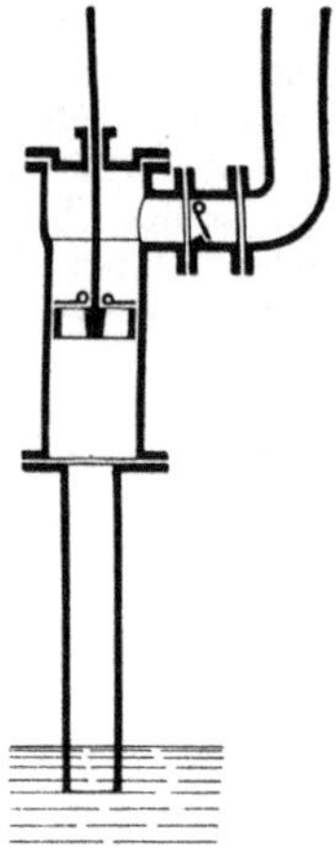

Abb. 126

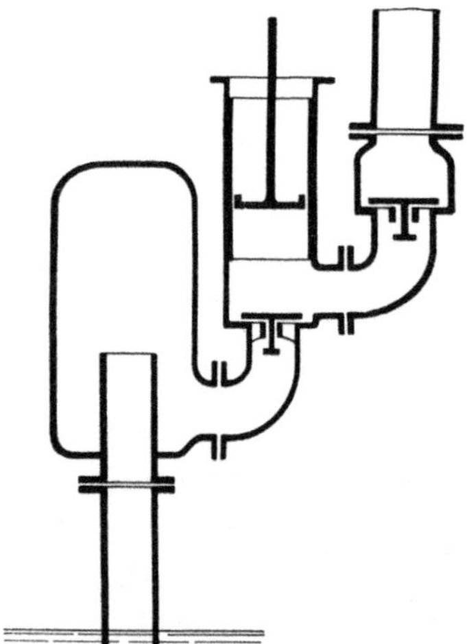

Abb. 127

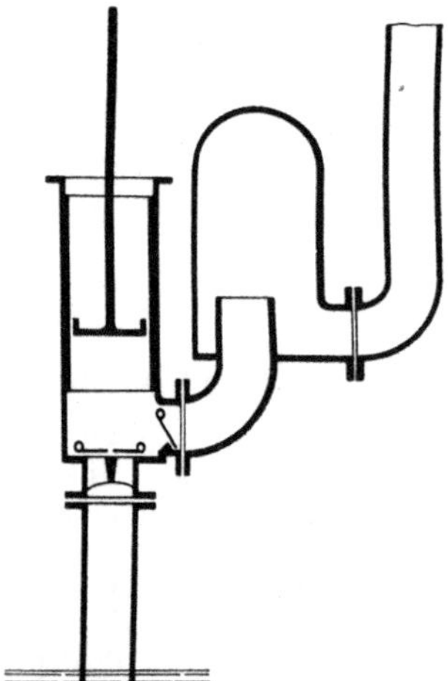

Abb. 128

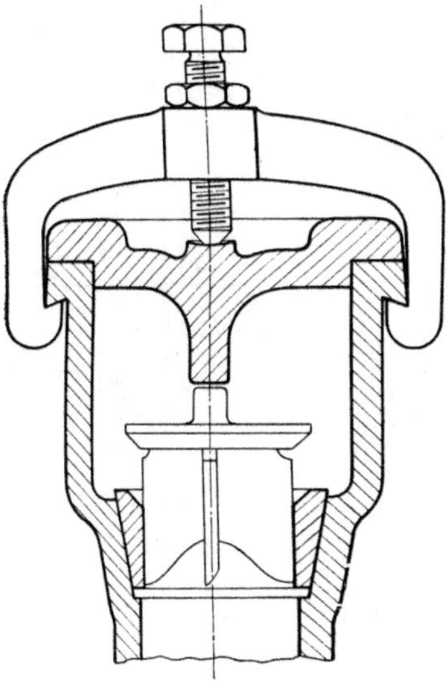

Abb. 129

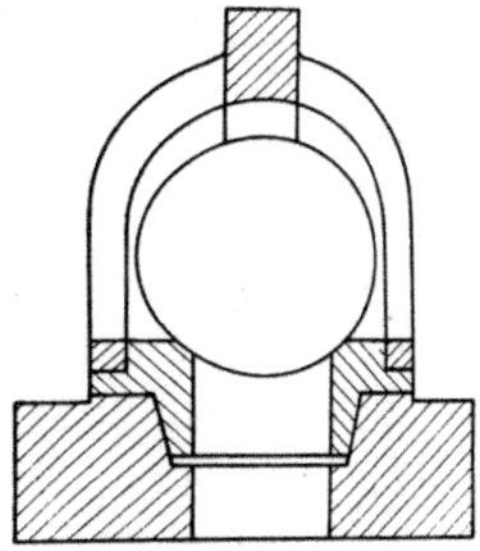

Abb. 130

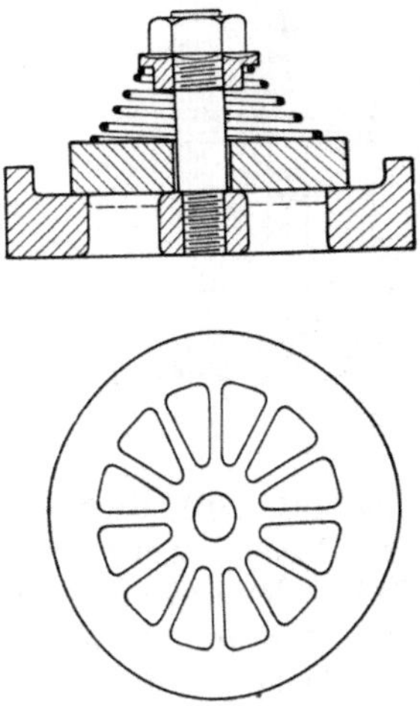

Abb. 131

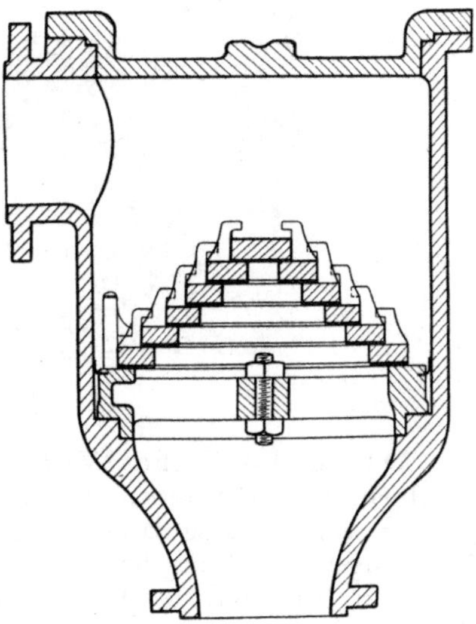

Abb. 132

Andere Pumpen, wie Tiefbohrlochpumpen, Mammutpumpen und alle automatischen Pumpenanlagen, gekuppelte Aggregate, die motorisch mit Benzin oder elektrisch angetrieben werden, gehören nicht in den Rahmen dieses Buches.

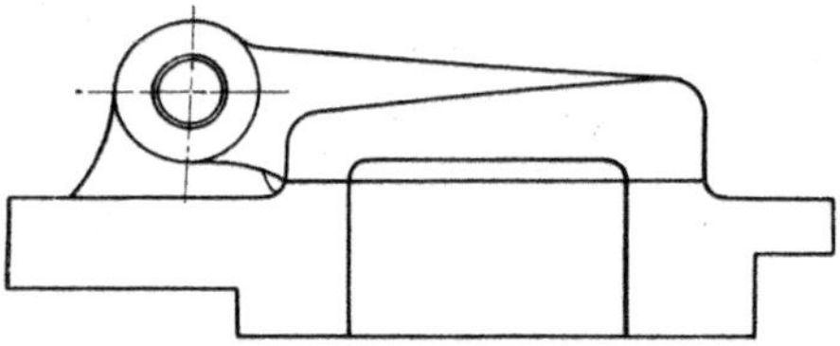

Abb. 133

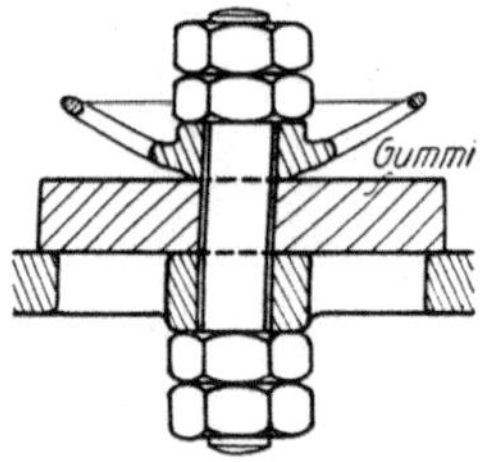

Abb. 134

Abb. 135

Der hydraulische Widder (s. Abb. 135, 136) dient zur Förderung kleiner Wassermengen auf größere Höhen, wenn Triebwasser von geringem Druck im Überfluß vorhanden ist. Die Wirkungsweise ist aus der schematischen Abbildung ersichtlich. Das von *D* herabströmende Wasser schließt beim Ausfluß *A* das Stoßventil und hebt durch den erzeugten Stoß die Ventilklappe im Windkessel *B*. *C* ist der Luftpuffer im Windkessel *B* als

Ausgleich des Stoßes beim Ausfluß der Steigleitung *G* in das Reservoir *H*. Durch sein Eigengewicht fällt das Stoßventil bei *A* und gibt den Weg für das ausströmende Wasser frei. Gleichzeitig schließt sich die Ventilklappe des Windkessels. Nun

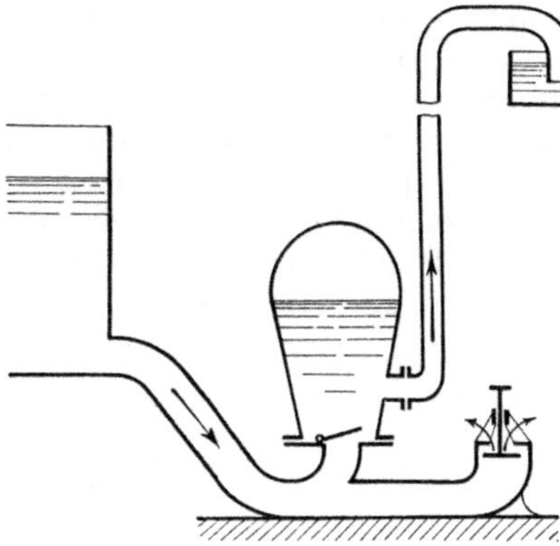

Abb. 136

wiederholt sich das Spiel. Durch den Druck im Windkessel wird das Wasser in die Steigleitung *G* hinaufgepreßt. *EIF* Paßstück mit Flansche und Luftloch. Von dem zuströmenden Wasser geht nur ein kleiner Teil in die Steigleitung. Minutenleistungen sind aus nachstehender Tabelle ersichtlich.

Tabelle 3

Nr. des Widders	Wassermenge, welche der den Widder speisenden Quelle per Minute entnommen wird	Länge der Rohrleitung in Metern		Rohrweite in Millimetern	
		Triebrohr	Steigrohr		
2	Zirka 3— 7$^1/_2$ Liter....	5—15	beliebig	19	9
3	„ 6—15 „			25	13
4	„ 11—26 „			32	13
5	„ 22—53 „			51	19
6	„ 45—94 „			64	25

Anhang

1. Plan einer Brunnenanlage

Laut Bauordnung ist jedem Ansuchen um Baubewilligung ein Situationsplan beizulegen. In diesen Situationsplan sind alle Kanäle, Senk- oder Sickergruben, Abwässer, Gerinne, Ställe, Aborte und Düngerstätten aufzunehmen. Eventuell herzustellende Pumpenwasserleitungen sind gleichfalls einzuzeichnen. Der Durchmesser des Brunnens sowie die Tiefe des Wasserstandes hängt von der Mengenberechnung des Grundwassers ab, welche als Diagramm (s. Abb. 37 S. 48 und 97 S. 121) beigeheftet werden kann. Seitlich der Situation (Abb. 137a) ist der Schnitt (Abb. 137b) des zu erbauenden Brunnens mit allen Koten einzuzeichnen.

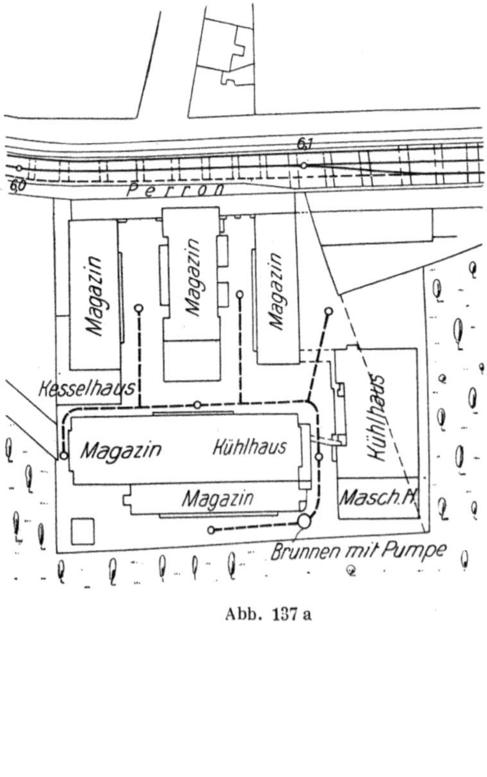

Abb. 137 a

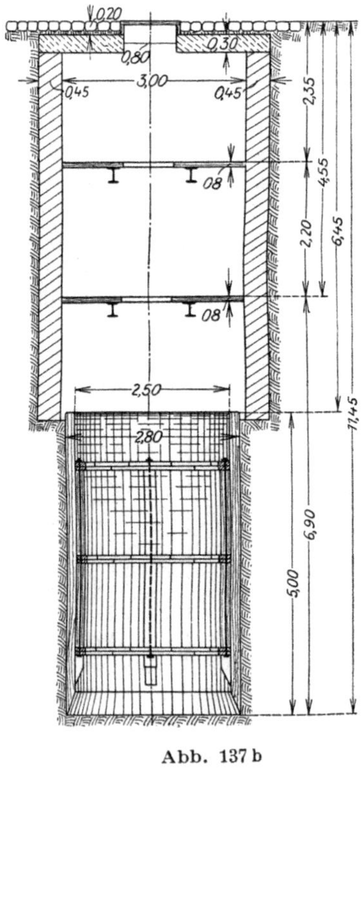

Abb. 137 b

2. Brunnenumfangs- und Inhaltstabelle

Tabelle 4

D = Durchmesser, U = Umfang, F = Inhalt

D	U	F	D	U	F	D	U	F
1,—	3,141	0,7854	4,—	12,566	12,5664	7,—	21,991	38,4845
1,10	3,456	0,9503	4,10	12,881	13,2025	7,10	22,305	39,5919
1,20	3,770	1,1310	4,20	13,195	13,8544	7,20	22,619	40,7150
1,30	4,084	1,3273	4,30	13,509	14,5220	7,30	22,934	41,8539
1,40	4,398	1,5394	4,40	13,823	15,2053	7,40	23,248	43,0084
1,50	4,712	1,7672	4,50	14,137	15,9043	7,50	23,562	44,1786
1,60	5,027	2,0106	4,60	14,451	16,6190	7,60	23,876	45,3646
1,70	5,341	2,2698	4,70	14,765	17,3494	7,70	24,190	46,5663
1,80	5,655	2,5447	4,80	15,080	18,0956	7,80	24,504	47,7836
1,90	5,969	2,8353	4,90	15,394	18,8574	7,90	24,819	49,0167
2,—	6,283	3,1416	5,—	15,708	19,6350	8,—	25,133	50,2655
2,10	6,597	3,4636	5,10	16,022	20,4282	8,10	25,447	51,5300
2,20	6,912	3,8013	5,20	16,336	21,2372	8,20	25,761	52,8102
2,30	7,226	4,1548	5,30	16,650	22,0618	8,30	26,075	54,1061
2,40	7,540	4,5239	5,40	16,965	22,9022	8,40	26,389	55,4177
2,50	7,854	4,9087	5,50	17,279	23,7583	8,50	26,704	56,7450
2,60	8,168	5,3093	5,60	17,593	24,6301	8,60	27,018	58,0880
2,70	8,482	5,7256	5,70	17,907	25,5176	8,70	27,332	59,4468
2,80	8,797	6,1575	5,80	18,221	26,4208	8,80	27,646	60,8212
2,90	9,111	6,6052	5,90	18,535	27,3397	8,90	27,960	62,2114
3,—	9,425	7,0686	6,—	18,850	28,2743	9,—	28,274	63,6173
3,10	9,739	7,5479	6,10	19,164	29,2247	9,10	28,588	65,0388
3,20	10,053	8,0425	6,20	19,478	30,1907	9,20	28,903	66,4761
3,30	10,367	8,5530	6,30	19,792	31,1725	9,30	29,217	67,9291
3,40	10,681	9,0792	6,40	20,106	32,1699	9,40	29,531	69,3978
3,50	10,996	9,6211	6,50	20,420	33,1831	9,50	29,845	70,8822
3,60	11,310	10,1788	6,60	20,735	34,2119	9,60	30,159	72,3823
3,70	11,624	10,7521	6,70	21,049	35,2565	9,70	30,473	73,8981
3,80	11,938	11,3411	6,80	21,363	36,3168	9,80	30,788	75,4296
3,90	12,252	11,9459	6,90	21,677	37,3928	9,90	31,102	76,9769

3. Beispiel für die Kostenberechnung

Abb. 138 zeigt den Abrechnungsplan eines fertigen Versenkbrunnens.

Vor dem Bau des Brunnens wurde auf der Gebäudemauer ein Bauwagriß hergestellt und von diesem aus sämtliche Tiefenmaße abgenommen sowie der Grundwasserspiegel mit 7,31 m festgelegt. Für die Rechnungslegung laut Offert wurde, wie die Verrechnungslinie zeigt, nicht die ganze Tiefe, sondern die zu verrechnende, offerierte Tiefe aufgenommen.

Wäre der Brunnen tiefer versenkt worden, so hätte man das Wasser im Tegel vollständig abgesperrt. Um das zu verhindern, blieb man auf 9,30 m ab Niveau stehen. Da die Aushebung bereits im Tegel stattgefunden hatte, mußte die Brunnensohle, damit das Wasser durch diesen nicht verunreinigt wird, mit Schotter belegt werden. Es wäre nun diese Tieferarbeit nicht bezahlt worden. Da die Arbeit durch die Verrechnungslinie jedoch festgelegt war, erfolgte die Verrechnung im Sinne des Offertes. Der Brunnen wurde in der Nähe des Maschinenhauses einer Fabrik abgeteuft. Die Verbindung zwischen dem Maschinenhaus und dem Brunnen wurde durch einen Gang in gleichem Niveau des Fußbodens und des Podestes hergestellt, so daß der Gang auf den Podest des Brunnens mündete. Der Brunnen wurde mit Beton abgedeckt, der Schacht zum Einsteigen in den Brunnen mit einem gußeisernen Deckel in der Höhe des zukünftigen Niveaus verschlossen. Die Leistung des Brunnens ergab 50 Sekundenliter. Die Analyse des Wassers war vorzüglich.

Mit Rücksicht auf die verschieden auftretenden Gesteinsschichten ist es richtig, den Preis von 5 : 5 bzw. von 10 : 10 m zu erstellen und dementsprechend auch zu verrechnen. Die Abrechnungsstufen von 5 : 5 bzw. 10 : 10 m bezeichnet man als Zonen. Die Preise der einzelnen Zonen steigen mit den Tiefen der einzelnen Zonen. Schwierige Arbeiten, wie Stein- und Wasserarbeiten, fallen in der Berechnung unter die Preise der Zonen, in denen sie auftreten. Die Preise sind je nach den örtlichen Verhältnissen variabel. Für die allgemeine Anwendung gibt die Tabelle 5 Richtlinien. Wie die Tiefe, spielt auch die Dimension des Brunnens für die Verrechnung eine Rolle. Bei Brunnen mit größeren Dimensionen wird die Trockenarbeit sowie die Naßarbei und das Mauerwerk statt nach Metern nach Kubikmetern berechnet. Als Trockenarbeit ist die Arbeit zu verrechnen, die oberhalb des Grundwasserspiegels liegt, als Naßarbeit die unter dem Grundwasserspiegel liegende. Auch bei dieser Verrechnung sind die Zonenpreise (s. oben) zu berücksichtigen. Der Versenkkranz oder die Brunnenbüchse sind besonders zu offerieren und zu verrechnen. Bei einem Versenkbrunnen wird zur Verrechnung der mittlere innere Durchmesser herangezogen, indem man den Kegelstumpf (beim Versenkbrunnen) einem Zylinder mit dem mittleren Durchmesser des Kegelstumpfes gleichsetzt. Da der Versenkbrunnen kegelförmig ist, heben sich bei Bemessung des mittleren inneren Durchmessers, also des zylinderför-

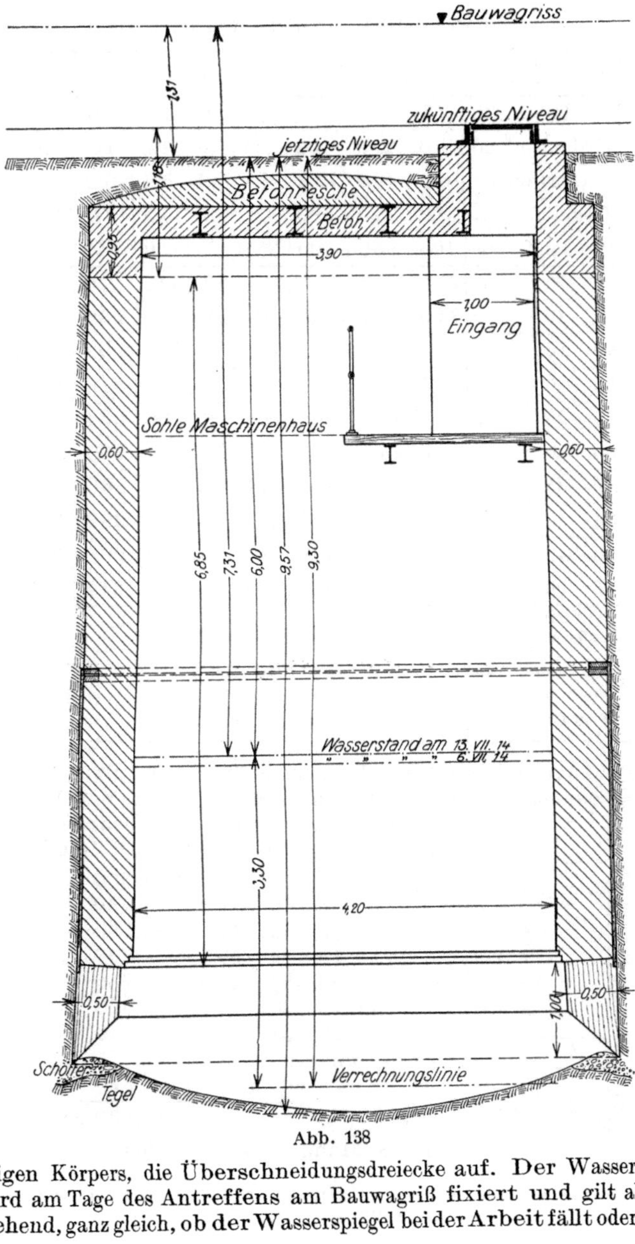

Abb. 138

migen Körpers, die Überschneidungsdreiecke auf. Der Wasserspiegel wird am Tage des Antreffens am Bauwagriß fixiert und gilt als feststehend, ganz gleich, ob der Wasserspiegel bei der Arbeit fällt oder steigt.

Tabelle 5. Brunnengraben und Mauern (mit Ziegel ö. F.).[1]

Innerer Brunnendurchmesser	m	1·1	1·5	2·0	2·5	3·0	3·5	4·0	4·5	5·0
Wandstärke	cm	15	15—30		30	30—45		45—60		60
Pro Tiefenmeter	Erdaushub m³	1·6	2·6	5·3	7·5	10	15	19	26	31
	Mauerwerk m³	0·6	0·8	2·2	2·5	3·1	5·6	6·3	9·7	10·6
	Ziegel ö. F. St.	160	225	590	720	880	1520	1750	2720	2975
	Portlandz. kg	100	150	300	350	450	550	750	1200	1400
Arbeitsstunden pro Tiefenmeter in einer Tiefe von	0—5 m	20	27	58	72	90	140	170	245	270
	5—10 m	22·5	30·5	65	81	100	154	186	263	290
	10—15 m	25	34	72	90	110	168	202	281	310
	15—20 m	27·5	37·5	79	99	120	182	218	299	330
	20—25 m	30	41	86	108	130	196	234	307	350
	25—30 m	32·5	44·5	93	117	140	210	250	325	370
	30—35 m	35	48	100	126	150	224	266	343	390
	35—40 m	37·5	51·5	107	135	160	238	282	361	410
	40—45 m	40	55	114	144	170	252	298	379	430
	45—50 m	42·5	58·5	121	153	180	266	314	397	450
+	bei Stein + Konglomerat	60%								
	schwerem Boden	100%								
	Wasser	100%								

Beispiel: Ungefähre Arbeitszeit für einen Brunnen mit 5 m lichtem Durchmesser, bis 12·0 m normalem Boden, von 12—15 m Konglomeratschichten von zusammen 1·5 m Breite. Gesamttiefe 25·0 m, ab 18·0 Wasser.

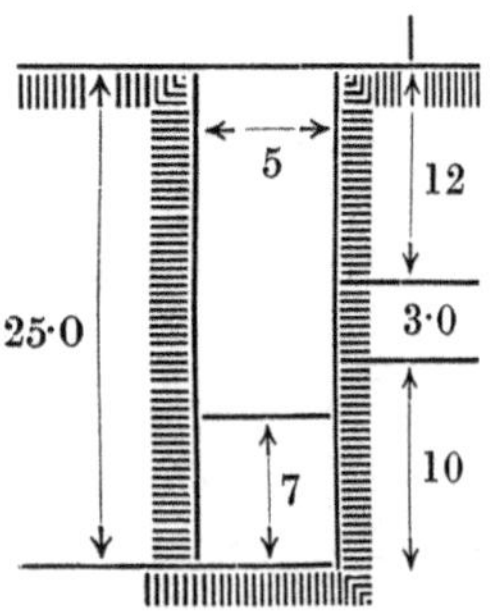

Von	0—5	5 × 270 = 1.350
	5—10	5 × 290 = 1.450
	10—15	5 × 310 = 1.550
	15—20	5 × 330 = 1.650
	20—25	5 × 350 = 1.750
Wasser	18—20 m	2 × 330 = 660
	20—25	5 × 350 = 1.750
Konglomerat		
		0·6 × 1·5 × 310 = 279
		10.439 Stunden =

bei 8 Mann etwa 27 Wochen.

[1] Entnommen aus: A. Ilkow: Material- und Zeitaufwand bei Bauarbeiten. 3. Aufl. Wien: Julius Springer, 1927.

4. Diagramme

Abb. 139 zeigt die Abschöpfdiagramme der Pumpversuche in einem 5,13 m tiefen Probebrunnen mit 1,15 m Durchmesser, 15 cm starkem Mauerwerk, einer 2 m hohen Brunnenbüchse sowie mit einem Wasserstand von 1,30 m. Auf Grund der Ergebnisse beim Probeschöpfen wurde ein Brunnen mit 6 m Innendurchmesser, 75 cm starken Mauern, 3,83 m tief, abgeteuft und mit einer 5 m hohen Büchse von 5,70 m Außendurchmesser versehen.

Wie das Diagramm zeigt, wurde im Probebrunnen am 14. Dezember 1925, nachmittags 1 Uhr 15 Min., mit dem Schöpfen begonnen. Zur Verwendung kam eine Kreiselpumpe mit 6,9 Sekundenliter. Es wurde bis 1 Uhr 45 Min. abgeschöpft. Um die Pumpenleistung zu erhöhen, wurde um diese Zeit eine höhere Tourenzahl eingeschaltet, die das Ergebnis zeitigte, daß um 2 Uhr 50 cm abgeschöpft waren. Es verblieben somit im Probebrunnen 80 cm Wasserstand. Die Schöpfung wurde bis 3 Uhr fortgesetzt.

Um die Aufsteiglinie kennen zu lernen, wurde eine Pause gemacht und die Pause dazu benützt, den Sauger der Pumpe zu verlängern. Der Zufluß betrug in 5 Minuten 35 cm, in weiteren 18 Minuten 15 cm, mithin in 23 Minuten 50 cm. Das Resultat war:

Abgeschöpft wurden 50 m^3, 35 cm entspricht 0,354 m^3, 15 cm entspricht 0,0153 m^3 oder $15\,^3/_{10}$ l in der Minute = 0,255 Sekundenliter.

Nun wurden mit derselben Pumpe die Schöpfversuche bis 12 Uhr 15 Min. nachts fortgesetzt, die dasselbe Resultat ergaben. Dann herrschte Ruhe. Die Ansteiglinie zeigt die gleiche Form wie bei der ersten Periode. Während dieser Pause wurde die Pumpe repariert. Von 12 Uhr 15 Min. nachts wurde das Schöpfen bis 3 Uhr morgens fortgesetzt. Das Abschöpfresultat war 52 cm, so daß 78 cm Wasserstand im Probebrunnen verblieb. Der Zufluß betrug in 5 Minuten 40 cm, in weiteren 18 Minuten 15 cm, mithin in 23 Minuten 55 cm. Nun mußte das Pumpen wegen neuerlicher Reparatur der Pumpe bis zum 15. Dezember um 7 Uhr früh unterbrochen werden. Die Lieferung der Pumpe blieb, wie aus dem Diagramm ersichtlich ist, eine ziemlich gleiche, ebenso auch der Zufluß, wie aus der Ansteiglinie zu ersehen ist. Um 10 Uhr 8 Min. war der ursprüngliche Grundwasserspiegel wieder hergestellt. Um 1 Uhr 5 Min. nachmittags wurden mit einer größeren Pumpe (Leistung 13,8 Sekundenliter) 80 cm abgeschöpft und um 1 Uhr 14 Min. nach Abstellen dieser Pumpe der Wasserspiegel wieder erreicht.

Bei einer zweiten Schöpfung mit der großen Pumpe wurde der Wasserspiegel in 7 Minuten um 80 cm gesenkt, d. i. 0,566 m^3. Die Leistung ergibt pro Minute 0,809 m^3, oder 80,9 l Zulauf in

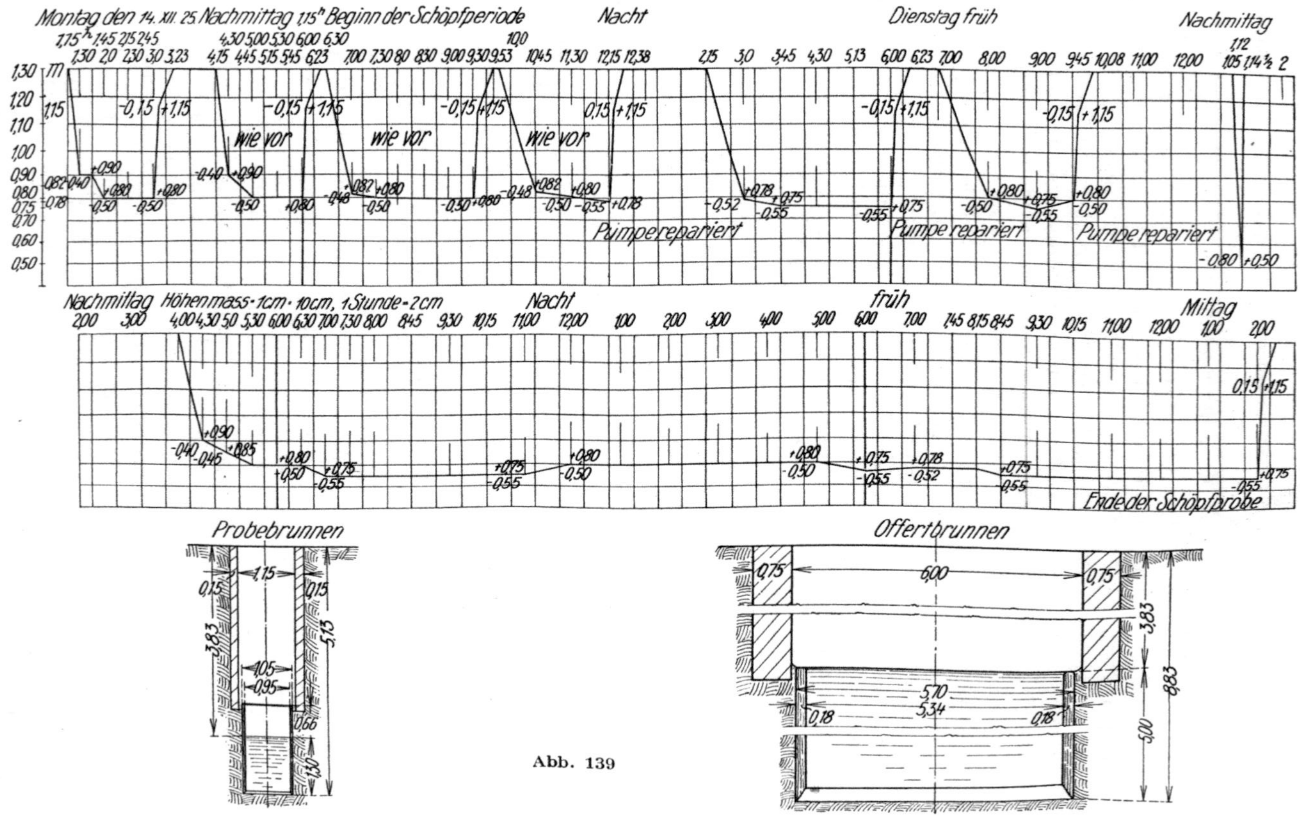

Montag den 14. XII. 25. Nachmittag 1,15h Beginn der Schöpfperiode
Nacht
Dienstag früh
Nachmittag
wie vor
wie vor
wie vor
Pumpe repariert
Pumpe repariert
Pumpe repariert
Nachmittag Höhenmass 1cm = 10cm, 1 Stunde = 2cm
Nacht
früh
Mittag
Ende der Schöpfprobe
Probebrunnen
Offertbrunnen

Abb. 139

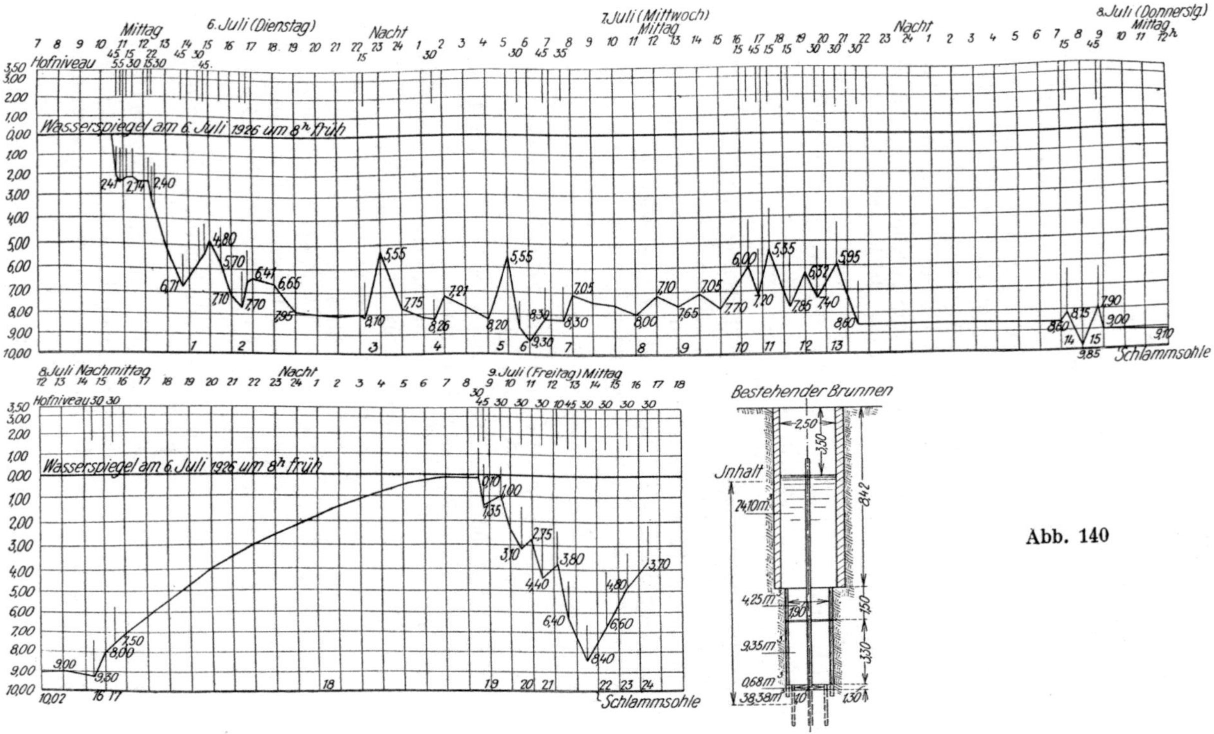
6. Juli (Dienstag)
7. Juli (Mittwoch)
8. Juli (Donnerstg.)
Mittag
Nacht
Hofniveau
Wasserspiegel am 6. Juli 1926 um 8h früh
Schlammsohle
8. Juli Nachmittag
9. Juli (Freitag) Mittag
Bestehender Brunnen
Jnhalt
24,10 m³
4,25 m³
9,35 m³
0,68 m³
38,38 m³
2,50
3,50
8,42
1,50
3,30
1,30
1,90
1,10

Abb. 140

8,5 Minuten. 0,80 m entspricht 0,5664 m^3 oder 566,4 l = = 226,5 Minutenliter = 3,77 Sekundenliter.

Jetzt trat eine Pause bis 4 Uhr nachmittags ein. Nach Generalreparatur der Pumpe wurde, da die Abschöpf- und Ansteiglinie bekannt war, ununterbrochen die ganze Nacht bis mittags um 2 Uhr, somit 22 Stunden, geschöpft. Um 2 Uhr 45 Min. war der alte Wasserspiegel wieder hergestellt. Aus dem Diagramm ist zu ersehen, daß um 11 Uhr nachts der Strom reduziert, um 6 Uhr früh jedoch wieder in alter Stärke bis 8 Uhr 15 Min. zugeleitet wurde. Um 8 Uhr 15 Min., als alle Maschinen gingen, somit die Stromzufuhr eine gleichmäßige war, blieb die Leistung der Pumpe ebenfalls eine gleichmäßige.

Abb. 140 zeigt das Graphikon einer Probeschöpfung vom 6. Juli bis 9. Juli. Um 9 Uhr früh wurde der Wasserspiegel gemessen und um 10 Uhr 45 Min. mit der Schöpfung begonnen, die ununterbrochen durch vier Tage und drei Nächte dauerte. Das Abpumpen erfolgte mit einem Pulsometer Nr. 7 (700 Minutenliter) und Pulsometer Nr. 4 (400 Minutenliter).

In dem Diagramm sieht man die verschiedenen Aufsteiglinien, den Einfluß der Verwendung eines oder von zwei Pulsometern usw. Zur Erläuterung wird folgendes angeführt:

2. Juli	9	Uhr	—	Min.	Messung des Wasserspiegels im Brunnen.
	10	„	45	„	Beginn der Schöpfung mit Pulsometer Nr. 4 und Nr. 7.
	10	„	55	„	Nur Pulsometer Nr. 7 — der Pulsometer Nr. 4 versagte.
	12	„	15	„	Mit beiden Pulsometern geschöpft.
	12	„	45	„	Pulsometer Nr. 4 abgestellt. Geschöpft nur mit Pulsometer Nr. 7.
	15	„	—	„	Mit beiden Pulsometern geschöpft.
	16	„	30	„	Versagen des Pulsometers Nr. 4.
	17	„	—	„	Mit beiden Pulsometern weitergeschöpft.
	19	„	—	„	Gleichgewichtslage zwischen Zufluß und Abschöpfung.
	22	„	15	„	Dampfkesselreinigung und Schöpfung bis 23 Uhr.
7. Juli	1	„	30	„	Wurde der Gleichgewichtswasserspiegel wieder erreicht und von da ab alle Stunden Messungen vorgenommen, bis die Gleichgewichtslage erreicht wurde, und zwar wurde dieselbe um
	21	„	30	„	erreicht.

8. Juli	7 Uhr 15 Min.	Dampfkesselreinigung.
	8 „ 15 „	Weitergeschöpft.
	9 „ — „	Nur mit Pulsometer Nr. 4 geschöpft und konstatiert, daß selber das Wasserschöpfen allein besorgen konnte, somit 400 l in der Minute erreicht waren. Einstellung der Schöpfung und Ansteigenlassen des Wassers bis
	14 „ 30 „	
9. Juli	8 „ 30 „	Wieder erreichter Wasserspiegel wie vor der Schöpfung minus 10 cm. Nun begann die Abschöpfung versuchsweise mit dem Pulsometer Nr. 4 und nach stundenweiser Probe war um
	13 „ 30 „	zu ersehen, daß der Brunnen den angeforderten Quantumslieferungen nicht standhalten konnte; trotzdem wurde die weitere Ansteigung noch bis
	16 „ 30 „	verfolgt.

Die Ziffern 1 bis 24 an der Abzisse des Diagrammes geben die verschiedenen Perioden, in denen von der Aufsichtsperson persönlich die Maße abgenommen wurden, an. Die neben den Spitzen befindlichen Ziffern bedeuten die Tiefe der Abschöpfung des Wasserspiegels, und zwar:

Periode	1	abgeschöpft	6,21 m	Periode	13	abgeschöpft	5,95 „
„	2	„	7,70 „	„	14	„	8,15 „
„	3	„	8,10 „	„	15	„	7,90 „
„	4	„	8,26 „	„	16	„	9,80 „
„	5	„	8,20 „	„	17	„	8,00 „
„	6	„	9,30 „	„	18	„	1,50 „
„	7	„	8,30 „	„	19	„	— 0,10 „
„	8	„	8,00 „	„	20	„	2,75 „
„	9	„	7,65 „	„	21	„	3,80 „
„	10	„	6,00 „	„	22	„	8,40 „
„	11	„	7,20 „	„	23	„	4,80 „
„	12	„	6,32 „	„	24	„	3,70 „

Zur besseren Übersicht ist neben dem Diagramm der Brunnen dargestellt. Derselbe hat eine Tiefe von 14,52 m. Der Wasserspiegel war 3,50 m vom Terrain entfernt, so daß die Wasserhöhe 11,02 m im Brunnen betrug. Linksseitig der Zeichnung ist der Inhalt mit 38,38 cbm durch den Pfeilstrich angedeutet. Im Brunnen war 1,30 m Schlamm. Der Brunnen hatte eine Bohrung, über die jedoch keine genügend genauen Daten in Erfahrung gebracht werden konnten, nur die Tiefe wurde mit zirka 80 m vom Niveau angegeben. Die seitlich angegebenen cbm geben den Zufluß einer Leitung aus einem Keller, der Wasser führte, an, die jedoch beim Schöpfversuch abgesperrt wurden, um die reine Lieferung des Brunnens und Bohrlochs zu erfahren. Der Brunnen ist im Besitz einer Molkerei in Wien, IV. Bezirk.

5. Verschiedene Maßstäbe für den Brunnenbauer

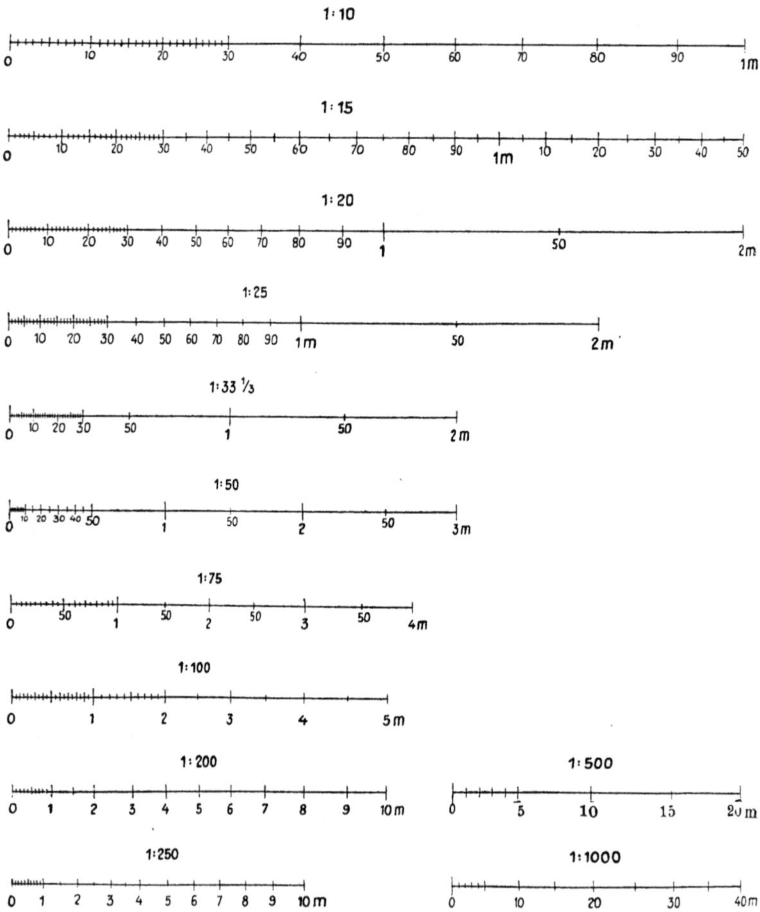

Abb. 141

Sachverzeichnis

Die den Schlagworten folgenden arabischen Zahlen bezeichnen die Seiten des Werkes

---

Manzsche Buchdruckerei, Wien IX

Der Zimmerermeister. Ein bautechnisches Konstruktionswerk, enthaltend die gesamten Zimmerungen. Von Prof. **Andreas Baudouin,** Stadtzimmerermeister, Wien. Zweite, ergänzte und verbesserte Auflage. 1926. Zwei Mappen im Format 36×50 mit zusammen 171 Tafeln. Preis jeder Mappe RM 57,—. Das Werk wird nur komplett abgegeben.

... Baudouin hat alles zusammengetragen, was dem Zimmerermeister auszuführen möglich ist, denn es ist kein Arbeitsgebiet unberücksichtigt geblieben. Alle Vorbilder sind mustergültig, so daß das Tafelwerk für den ratsuchenden Fachmann eine zuverlässige Quelle und ein sicherer Berater ist. Es sollte daher kein Baugewerbetreibender, der im wirtschaftlichen Kampfe auch sein Wissen in die Wagschale werfen will, versäumen, das Konstruktionswerk sich anzuschaffen und es zu studieren. In den Fachorganisationen und Genossenschaftsbibliotheken sollte es einen Ehrenplatz einnehmen, denn das Baudouinsche Werk ist mehr als eine bedeutende Literaturerscheinung, es ist eine würdige, kraftvolle Äußerung des im Baugewerbe liegenden gesunden Prinzips werkgerechten Denkens und Handelns. (Österreichische Bauzeitung)

Holz im Hochbau. Ein neuzeitliches Hilfsbuch für den Entwurf, die Berechnung und Ausführung zimmermanns- und ingenieurmäßiger Holzwerke im Hochbau. Von Ing. **Hugo Bronneck,** behördl. autor. Zivilingenieur für das Bauwesen. Mit 415 Abbildungen, zahlreichen Tafeln und Zahlenbeispielen. XV, 388 Seiten. Format 23,5×15,5. 1927. In Ganzleinen gebunden RM 22,20

... Das Buch ist an Gründlichkeit wohl kaum zu überbieten und bringt alles, was sowohl der Architekt, der Ingenieur als auch der Zimmermann vom Holzbau wissen muß ... ein ausgezeichnetes, unerschöpfliches Handbuch, aus der Praxis geschrieben. Zu loben ist auch das handliche Format.

(Architektur und Bautechnik)

... Der Verfasser hat sich ernstlich und mit Erfolg bemüht, die Eigenschaften und die wichtigsten Anwendungen des Holzes als Baustoff in anschaulicher, elementarer, aber doch wissenschaftlich einwandfreier Form zu erörtern und mit seinem Buche den Kreisen, für die es bestimmt ist, einen sicheren, nicht versagenden Ratgeber zu schaffen. Auf die Behandlung der neuzeitlichen Bauweisen ist besonderer Wert gelegt. ... (Die Bautechnik)

Die Preisermittlung der Zimmererarbeiten und ihre technisch-kaufmännischen Grundlagen. Von Ing. **Hugo Bronneck,** behördl. autor. Zivilingenieur für das Bauwesen. Mit 51 Abbildungen, zahlreichen Tabellen und Zahlenbeispielen aus der Praxis. 92 Seiten und 16 Seiten für Notizen. 1927. RM 4,80

Allgemein verständlich gehaltene Einführungen in das Wesen der Preisermittlung im Zimmerergewerbe, in denen dem Leser die Gesetze und Forderungen des richtigen Voranschlages an Hand von Erfahrungswerten und Beispielen aus dem Baubetrieb vermittelt werden, mit anhangenden Tafeln über Zeitaufwand, Ermittlung des Rauminhaltes von Kantholz, der Gewichte von Band- und Flacheisen, Schrauben, Unterlagsscheiben und Nägeln mit vielfach erprobten Durchschnittswerten. Ein sehr guter Behelf für Unternehmer und Behörden, bei Verfassen von Kostenvoranschlägen, für das Nachprüfen solcher Arbeiten, aber auch ein guter Behelf für Lernende. (Ingenieur-Zeitschrift)

Die Baukunde

mit besonderer Berücksichtigung des Hochbaues und der einschlägigen Baugewerbe

von

M. techn. Rat **Franz Titscher**

Sechste, erweiterte und verbesserte Auflage

Lehr-, Hilfs-, Nachschlage- und Konstruktionsbehelf für Baukundige, Studierende, Gebäudeverwalter usw.

Band I: **Baustoffe.** — Band II: **Baukonstruktionslehre.**

In einem Doppelband. 640 Seiten. Format 16 × 25,5 cm
Mappe mit 120 Plantafeln, einseitig bedruckt. Format 25,5 × 32 cm
RM 27,—; in Ganzleinen gebunden RM 28,80

Textband und Mappe werden nur zusammen abgegeben

Band III: **Zeichnen und Entwerfen von Hochbauten**

Textband 48 Seiten. Format 16 × 25,5 cm
Mappe enthaltend 23 einseitig bedruckte Tafeln. Format 25,5 × 32 cm
RM 7,20; in Ganzleinen gebunden RM 8,40

Textband und Mappe werden nur zusammen abgegeben

Der Bau- und Maurermeister in der Praxis

Ein Hilfs- und Nachschlagebuch für den täglichen Gebrauch

Von

Architekt **Edmund Schönauer**

Empfohlen von der Genossenschaft der Bau- und Steinmetzmeister in Wien und vom Verbande der Baumeister Österreichs

Zweite, vollständig umgearbeitete und wesentlich erweiterte Auflage.
In Taschenformat. Mit 21 Abbildungen im Text. 115 Seiten.
Teil I: **Tabellen.** 60 Seiten. Teil II: **Preisanalysen.** 55 Seiten.

RM 6,—

Hier wird dem Bau- und Maurermeister das für ihn unentbehrlich gewordene Kalkulationsbuch in einer auf den neuesten Stand gebrachten Neuauflage vorgelegt. Er findet darin alles, was er zu einer raschen Aufstellung von Angeboten bei jedem neuen Entwurf und jeder Baureparatur gebraucht. Der Verfasser steht selbst mitten in der Praxis und verfügt über langjährige Erfahrungen. Seine Zahlen über die Mengen der zu verwendenden Baumaterialien und den Aufwand an Arbeitskräften sind daher genau und zuverlässig. Das Buch ist durch sein handliches Taschenformat und die Einrichtung, daß jeder Teil getrennt voneinander zu benutzen ist, auch auf den Gebrauch auf den Bau- und Arbeitsstellen eingestellt.

GPSR Compliance

The European Union's (EU) General Product Safety Regulation (GPSR) is a set of rules that requires consumer products to be safe and our obligations to ensure this.

If you have any concerns about our products, you can contact us on ProductSafety@springernature.com

In case Publisher is established outside the EU, the EU authorized representative is:

Springer Nature Customer Service Center GmbH
Europaplatz 3
69115 Heidelberg, Germany

Batch number: 10577919

Printed by Printforce, the Netherlands